아이 키우는 고민 나눠가며
같이 울고 웃는 나의 소중한

.... 에게
이 책을 선물합니다.

we can do it!

★ 학년이 올라갈수록 자기주도 학습력, 창의력, 자존감이 높아지는 ★

초등
매일 습관의 힘

★ 학년이 올라갈수록 자기주도 학습력, 창의력, 자존감이 높아지는 ★

초등
매일 습관의 힘

노정미 · 명대성 · 박미경 · 송현진 · 유현정 · 이동미 · 이성종
이은경 · 이은주 · 이장원 · 이정은 · 이현정 · 최지욱 · 한송이 · 황희진 지음

BM 황금부엉이

학교를 즐겁게 만드는
사소한 습관의 비밀

생각보다 훨씬 많은 아이들이 학교를 불편해합니다. 가기 귀찮고, 춥기도 하고, 덥기도 하고, 맛없기도 하고, 바쁘기도 하고, 심심하기도 하고, 시끄럽기도 합니다. 학교에 가기 싫다며 입을 쑥 내미는 아이를 지켜보고 있자면 부모의 마음은 서늘하게 내려앉습니다. "엄마, 학교 가는 거 진짜 재밌어"라는 한마디를 듣고 싶어 뭐가 문제인지 뭐가 그리 힘든 건지 이리저리 머리를 굴려보지만 답이 쉽게 떠오르진 않지요.

아침마다 잠이 덜 깬 눈, 부스스한 머리, 느린 걸음으로 교실에 들어서는 아이들의 모습을 보고 있으면 담임 선생님의 마음도 시

립니다. 학년이 시작될 때면 기다렸다는 듯 빠르게 적응해서 편안하고 즐거운 새 학년을 시작하는 아이들도 있지만, 몇 달이 지나도록 마음을 못 붙이고 힘들다고 투덜거리며 부모와 담임의 마음을 애타게 만드는 아이들도 많거든요. 이 둘 사이에 어떤 차이가 있는지, 타고난 성향이라고밖에 해석할 수 없는 건지, 성향이라면 극복할 일상의 열쇠가 무엇일지 오랜 시간 고민했습니다.

답은 뜻밖에도 매우 가까운 곳에 있었습니다. 부모와의 일상 속에서 스스로 해낸 성공 경험이 많았던 아이들, 즉 혼자 힘으로 할 수 있는 것이 많은 아이일수록 학교생활을 편안하고 즐겁게 느낀다는 거예요. 교실에 있는 내 사물함을 반듯하게 정리할 줄 모르고, 다 먹은 식판을 깔끔하게 처리하지 못해 툭하면 선생님과 친구들의 잔소리를 듣는 아이에게 학교는 불편하고 귀찮고 부담스러운 곳일 뿐입니다. 손과 발이 되기를 자청하며 모든 것을 대신해주는 엄마가 없는 교실은 아이에게 막막하고 어려운 도전의 연속이겠지요.

아이를 낳고 부모가 되는 것은 땅에 씨앗을 심는 일입니다. 아이는 세상이라는 낯설고 멋진 곳에 아주 조금씩 뿌리를 내리기 시작합니다. 이 씨앗은 부모라는 영양분, 햇살, 물, 바람을 받으며 부지런히 자라지만 안타깝게도 모든 씨앗이 기대만큼의 탐스러운 꽃을 피우지는 못해요. 어떤 땅에서 어느 정도의 햇빛과 물을 받느냐에 따라 그 모습은 서로 많이도 달라지더군요. 우리 아이는 지금 어떤 모습의 꽃을 피우는 중일까요?

뿌리에 상처가 나고 튼튼하지 않으면 큰 나무로 자랄 수도, 고운 꽃을 피우기도 어렵습니다. 아이가 자라는 동안 부모가 제공하는 환경은 고스란히 아이의 평생을 좌우하는 뿌리가 됩니다. 부모인 우리가 할 일은 아이가 조금도 흔들리지 않도록 양옆에서 온종일, 매일 잡아주는 것이 아닙니다. 그렇게 자란 나무는 아무리 오랜 시간이 지나도 혼자 서지 못하니까요. 작은 바람에도 이내 흔들리고 말겠지요. 땅속 구석구석 박혀있는 돌과 바위를 이겨내며 스스로 단단한 뿌리를 내린 나무만이 결국 자신만의 든든한 뿌리를 갖게 됩니다. 아이는 부모가 보내는 지지와 격려를 받으며 스스로 해내는 경험을 통해 자신의 판단을 믿고 하나씩 스스로 경험해볼 용기를 키워갈 거예요. 더불어 밝고 건강하고 자신감 넘치는 마음가짐을 얻으며 긍정적인 시선으로 세상을 바라볼 수 있는, 배려하고 나누는 것에 익숙한 따뜻한 아이로 자랄 것입니다.

혹시 자식 사랑 혹은 자식을 위한 희생이라는 명분으로 아이 스스로 충분히 할 수 있는 일임에도 불구하고 일상 곳곳에서 지나치게 많은 도움, 간섭, 조언, 잔소리, 에너지, 노동력을 쏟고 있지는 않나요? 아이가 넘어질 때마다 바쁘게 달려가 일으켜주지 않았으면 좋겠습니다. 혼자 온갖 노력을 해봐도 도저히 일어날 수 없어 결국 도움을 청할 때 언제든 따뜻하고 든든한 손을 내밀어주는 부모였으면 합니다. 잠시 넘어졌다고 절대 크게 잘못되지 않는다는 거, 잘 알고 있지요? 다시 일어서면 되잖아요. 우리도 그렇게 잘 자라왔잖아요. 진심으로 내 아이를 믿고 혼자 해볼 기회를 주세요.

처음으로 선택권을 가지게 된 아이들은 호기심 가득한 얼굴로 시작하겠지만 아직 부족하고 서툴기 때문에 쉽게 그만두고 싶을 거예요. 이때 끝내 포기하지 않게 돕는 절대적인 힘이 바로 부모의 지지와 격려입니다. 아이 스스로 해내는 힘을 믿고 그 마음을 지키고 격려하며 사랑이라는 양분, 믿음이라는 물, 미소라는 햇살로 아이 곁을 지켜주세요. 조금 천천히 가더라도 바른 방향으로 갈 수 있다면 목표한 지점에 분명히 도달할 것입니다. 하고자 하는 열정과 제대로 된 방향이 있다면 언젠가 속도를 내고야 맙니다. 스스로 해내는 힘이 학교생활에서 마주하는 공부, 운동, 친구나 담임 선생님과의 관계, 단체생활 등에서 점점 더 잘하는 아이로 성장할 수 있는 가장 큰 원동력입니다.

아이가 할 수 있는 일은 눈 질끈 감고 맡겨버리고, 덕분에 얻게 된 시간과 에너지를 부모의 성장과 휴식에 맘 편히 쏟았으면 합니다. 온종일 아이 뒤치다꺼리하느라 피곤한 일상은 이제 그만하자는 말을 전하고 싶습니다. 아이가 알아서 해낼 동안 여유롭게 쉬

학교를 즐겁게 만드는 사소한 습관의 비밀

기도 하고 책도 보고 저녁 반찬도 고민하는 시간을 가져도 된다고 말하는 중이랍니다.

그래서 이 책을 통해 아이의 학교생활이 편안해질 수 있도록 돕는 부모의 일상 습관과 아이의 야무진 학교생활을 도와줄 매일 습관에 관한 구체적인 사례들을 소개하고 싶습니다. 오늘, 우리 집에서 바로 시작할 수 있는 방법일 거예요. 숙제, 공부, 학원, 밥 챙기기도 바쁜데 생활습관까지라니 생각만 해도 부담스러운가요? 그래도 지금 시작해야 하는 이유는 분명합니다. 아이 스스로 해내는 힘은 다른 어떤 지능, 능력, 기능, 점수보다 아이의 행복지수를 높이고 성공 가능성을 높일 수 있는 결정적인 힘이기 때문입니다. 공부만 잘하는 헛똑똑이가 아니라 스스로 판단하고 결정하는 힘을 가진 야무진 똑똑이로 키워봅시다. 이런 것까지 신경 써서 양육하는 부모 밑에서 자라는 아이는 얼마나 큰 행운인가요? 얼마나 행복하고 자신감 넘치게 성장할까요? 부모님과 선생님의 도움 없이도 제 할 일을 척척 해내는 아이에게 학교는 얼마나 편안하고 즐거운 공간이 될까요? 그렇게 도울 수 있는 멋진 부모가 바로 우리랍니다.

우리도 부모는 처음입니다. 부모라는 것이 이렇게 어렵고 복잡하고 헷갈리는 건 줄 정말 몰랐지요. 직장에서 사회에서 유능하다고 인정받지만 부모가 된 우리는 왜 매 순간 쫓기듯 조급해하고

프롤로그

부족함에 허우적대고 기준을 잡지 못해 갈팡질팡할까요? 우리는 언제쯤 여유롭게, 마음 편안하게, 확신 속에서 아이를 키울 수 있을까요? 불안함에 힘들었다면 아이의 뿌리가 깊고 단단하게 자랄 수 있도록 부모인 우리 자신의 마음을 먼저 단단히 잡아보세요. 우리는 언제든 흔들리고 좌절할 수 있어요. 누구나 흔들리지만 그 시간과 고민이 모여 단단하게 굳어진 땅을 만든다고 믿습니다. 가끔 지치겠지만 그럴 땐 또 잠시 쉬었다 가자고요.

　교육 분야 전문가인 저자 열다섯 명이 오랜 시간 고민하고 자료를 찾아 공부하며 엮어낸 진심 어린 글을 전합니다. 교실, 학원, 놀이터, 동네에서 만나는 요즘 초등 아이들에 관한 많은 고민이 시원하게 해소되기를 기대합니다.

노정미, 명대성, 박미경,
송현진, 유현정, 이동미,
이성종, 이은경, 이은주,
이장원, 이정은, 이현정,
최지욱, 한송이, 황희진

학교를 즐겁게 만드는 사소한 습관의 비밀

제4부

유형별로 알아보는
초등 매일 습관 만들기

차례

제 1 부

학교생활이
편안해지는
초등 매일 습관의 힘

학교가 편하고
즐거운 아이들,
뭐가 다른 걸까요?

초등 담임을 오래 하다 보면 정말 신기한 일이 있는데요. 매년 다른 학년 친구들을 만나지만 신기하게도 교실 안에는 꼭 이런 친구가 한 명씩 있다는 사실이에요. 어떤 친구냐면요. 먼저 사용하는 어휘 수준이 또래보다 확연하게 높고요. 아는 것에 대해 똑 부러지게 줄줄 읊어대고요. 단원평가 백 점은 일상입니다. 늘 책에 푹 빠져 지내는데 어떨 때 보면 엄청 두꺼운 영어책을 키득거리며 읽고 있어요. 그 빽빽한 글씨들을 이해하니까 웃는 거겠죠? 그뿐 아니라 물리, 화학, 세계사 등 전문 분야에 관한 질문을 수시로 던져 담임을 당황하게 만들기도 하고 일기도 잘 쓰며 운동도 잘합니다. 그런 아이가 정말 있느냐고요? 있습니다. 꼭 있습니다. 우리 반에 없으면 옆 반에라도 꼭 한 명씩 있습니다. 부럽죠? 엄마들의 로망인 똘똘한 아이 친구를 보고 있으면 나사 하나 빠진 것 같은 우리 아이가 떠올라 비교하다가 우울해지고 맙니다. 그러다 뭐 하나 걸리면 꼬투리를 잡아 작년에 있었던 일까지 끄집어내 잔소리를 퍼붓습니다. 그런 경험 한 번쯤은 다 있을 거예요.

그런데 말이에요. 그 똘똘한 아이가 정작 친구의 마음에 공감하는 방법을 몰라 말로 상처를 주고, 다 아는 내용이라고 늘 잘난 척을 하고, 수업 시간이면 딴짓을 해요. 읽던 책을 아무 데나 두고 다니다 잃어버리기 일쑤고, 교실 사물함과 책상을 엉망으로 만들고, 혼자서는 아주 사소한 일도 결정하지 못해 하나부터 열까지 엄마와 담임 선생님께 묻고 도와달라고 하는 아이라면 그래도 정말 부러울까요? 그 똘똘한 아이는 별일이 없다면 목표하던 명문대에 무난히 합격할 수 있을 거예요. 하지만 대학에 들어가서까지도 학점, 친구 관계, 교수님과의 관계, 전공 과제, 자격증, 선후배 관계, 취업 준비까지의 모든 과정에 부모의 도움과 개입이 필요하다면 이 아이는 똑똑한 걸까요, 아닌 걸까요? 훗날 사회에서도 당연히 연봉 1등, 승진 1등, 매출 1위를 기록하며 자신만만한 삶을 이어가게 될까요, 아닐까요? 정말 자기가 이루고 싶었던 꿈을 이루며 살아가게 될까요? 곰곰이 생각해볼 문제입니다.

학교생활이 편안해지는 초등 매일 습관의 힘

이런 아이들에게는 신기하게도 공통점이 있었습니다. 성장 과정에서 가장 중요한 힘, 바로 '스스로 판단하고 결정하여 결국 스스로 해내는 힘'을 키울 기회를 얻지 못했다는 사실이지요. 똑똑한 머리를 타고난 아이가 스스로 해내는 힘을 기르지 못한 채 공부만 잘하는 헛똑똑이로 길러진 거예요. 뛰어난 아이들이 모두 헛똑똑이라는 게 아니고요. 똑똑하다는 이유 하나로 부러움을 받는 아이들이 알고 보니 헛똑똑이인 경우도 많다는 거예요. 보이는 게 전부가 아니었던 거지요. 그럴 수밖에 없는 것이 어릴 때부터 잘했던 아이들은 그것만으로도 부모의 충만한 기쁨과 자랑이었기 때문에 좀 부족한 면은 슬그머니 넘어가며 자랐을 가능성이 크답니다. 아주 가끔 공부를 잘하는데 행동도 야무지고 마음도 넓은 아이들이 있지만 우리, 그렇게까지는 욕심내지 않기로 해요. 정신 건강에 매우 해롭습니다. 욕심낼수록 실망하고 화가 나니 아이와의 관계는 기다렸다는 듯 어그러지겠죠.

이쯤 되면 우리 아이는 '스스로 해내는 힘'을 얼마나 가졌을지 궁금할 거예요. 그 판단을 하기 전에 굉장히 희망적인 걸 알려드릴게요. 아이마다 가지고 있는 다양한 종류의 힘은 타고난 기질에 의한 것과 학습에 의한 것으로 구분되는데요. '스스로 해내는 힘'은 정말 다행히도 후자입니다. 타고 나지 않았어도 얼마든지 성장 과정에서 계발될 수 있는 영역이라는 의미예요. 갑자기 희망이 좀 보이지 않나요? 다양한 시행착오를 통해 자신만의 방법을 터득하여 최적의 결과를 스스로 만들어내는 힘은 부모의 노력으로 최대치까지 끌어올릴 수 있는 거의 유일한 영역입니다. 해도 도저히 안 되는 영역 때문에 좌절할 때가 많지만 습관의 힘으로 끌어올릴 수 있는 영역이라는 사실에 희망을 걸고 부지런히 노력해봤으면 해요. 부모의 일상 습관으로 이 중요한 힘을 키워주기 위해 지금부터 하나씩 습관을 정비해보자고요.

　스스로 해내는 힘을 키워주기 위한 부모의 일상은 사실 단순합니다. 아이를 먹이고 입히기 위해 마땅히 해야 하는 일들은 귀찮음을 떨치고 최선을 다하는 부모가 됩시다. 하지만 아이가 스스로 해낼 수 있는 일, 어쩌면 결국 해내지 못할 수도 있지만 도전해볼 만한 일, 기다려준다면 언젠가는 스스로 해낼 만한 일에는 눈 질끈 감고 딱 한 발자국만 뒤로 물러나세요. 더 직설적으로 표현하자면 되도록 아무것도 도와주거나 해주지 말라는 뜻이에요. 일상의 구석구석에서 아이가 직접 선택할 기회를 넓히고 그 과정에서 흥미를 느껴 깊이 탐구하고 알아갈 수 있도록 살피고 지원하되, 때로 방해물을 만나 어려움을 겪고 난처해할 때 벌떡 일어나 도와주고 싶은 마음을 꾹 누르는 겁니다. 별거 아니죠? 정말 단순하지만 절대 쉽지 않은 일, 머리로는 충분히 알고 있지만 대부분 실천하지 않고 있는 일을 결심해야 합니다. 모든 것이 지나치게 풍족한 시대인 요즘은 부모의 보호, 관심, 간섭마저 과잉되어 있습니다. 치열하게 도전하고 부딪히며 마음을 다해 좋아하는 것, 최선을 다해서 하고 싶은 일, 누구보다 잘 할 수 있는 일을 찾아내는 힘, 그 속에서 나의 가치를 스스로 인정하며 내면을 단단히 하는 힘, 이 힘을 스스로 키워갈 수 있도록 아낌없이 격려하고 응원하는 부모가 되자고요.

아이를 나약한 존재로 바라보지 마세요. 아이는 부모가 염려하는 것처럼 어리고, 약하고, 안타까운 존재만은 아니에요. 어려울 법한 일이라도 끝까지 해낼 수 있는 시간을 주고 기다리면 됩니다. 학교라는 낯설고 불편한 단체생활 속에서, 친구와 선생님이라는 새로운 관계 속에서 예상치 못한 복잡한 일을 수시로 마주하겠지만 '문제'가 아니라 '기회'라고 생각해주세요. 아이가 어려운 일을 만날 때마다 '그래, 잘 됐다'라고 생각해주세요. 아이 스스로 문제를 해결할 좋은 기회, 살아있는 경험이 될 거라 믿어주세요. 교실 속 친구들은 종종 책상 서랍을 정리하려는 듯하다가 이내 포기해버리고요. 친구와의 작은 갈등이 시작되면 억울하고 분한 마음에 어쩔 줄 몰라 하다 울음을 터트려요. 시간 안에 완성해내지 못하는 교실 속 다양한 활동 때문에 스트레스를 받고, 어른을 보고도 인사할 줄 몰라 기대만큼 사랑받지 못합니다. 혼자 해내야만 하는 상황이나 갈등에 대한 충분한 경험이 없었던 아이들의 안타까운 모습입니다. 우리 아이가 어떤 모습으로 어떤 마음으로 교실에서의 긴 시간을 보내게 될지는 결국 우리 부모의 결심과 의지에 달려있습니다. 새 학년이 다가오면 연산 문제집을 풀리고, 영어책을 읽히고, 책을 사주며 학습적인 면에 신경 쓰기 바쁘지만 아이의 빠른 새 학년 적응, 편안하고 즐거운 교실 생활을 만드는 힘은 스스로 해내는 일상의 작은 습관들에 있다는 걸 기억해주세요.

아이는 아이의 삶을 살아야 합니다. 아이의 삶은 아이의 것입니다. 어떤 부모도 대신 살아줄 수 없습니다. 때로 차라리 내가 대신해주고 싶을 만큼 힘겨워하는 아이를 보게 될지도 몰라요. 그러나 부모는 대신해주는 사람이 아니라 스스로 할 수 있도록 도와주는 존재라는 사실을 기억하고 마음을 다잡으세요. 학년이 올라갈수록 교실 안에서 아이 스스로 이겨내야 할 일들이 점점 늘어갈 거고, 그만큼 부모와 교사가 아이에게 미치는 영향은 적어질 거예요. 그러니 몸으로 부딪치고 익히며 자기의 것으로 만들 기회를 충분히 주세요. 열정을 다해 기다려주세요.

학교생활이 편안해지는 초등 매일 습관의 힘

학교생활이
부담스러운
대한민국 아이들

'헬리콥터 맘'이라는 말을 들어본 적이 있나요? 요즘은 잘 쓰지 않지만 한때 대한민국 교육계를 흔들었던 화제의 단어입니다. 자녀의 일에 사사건건 간섭하면서 자녀의 일상을 통제하는 부모와 그런 부모의 요구와 스타일대로 자라는 아이를 비난하는 부정적인 의미가 있어요. 우리나라에서 처음 사용된 것은 아니지만 국가와 문화를 초월해 부모와 자식 간의 비정상적인 상황을 표현하는 용어로 더없이 적절했습니다. 유행이 지나버리는 바람에 이제는 쉽게 들을 수 없는 단어가 되었지만 그렇다고 자녀를 이런 방식으로 양육하는 부모까지 사라진 건 아니에요. 어쩌면 단어만 슬그머니 사라졌을 뿐, 부모는 더 크고 강력한 헬리콥터가 된 것 같기도 합니다.

지금 시대는 아이를 통제하여 정해진 길을 닦아 목표지점에 안착시켜 주려는 부모가 특별히 이상하지도 않게 느껴집니다. 부모인 우리 또한 일정 부분 그런 모습을 갖고 있다는 것을 부인하기도 어렵지요. 아니라고 하면서도 어느새 또 앞에 나서 아이를 돕고 아이의 일을 대신해주고 목표를 하나하나 정해주는 부모의 모습 말입니다. 저는 제 아이가 온전한 자기 힘으로 길이 없으면 만들고, 앞을 막는 구멍을 덤덤하게 메우며, 힘들 땐 도움을 요청해 같이 해결하고, 갈림길에서는 유리한 길도 곧잘 찾아내는 사람으로 성장하길 바랍니다. 하지만 바람과 달리 누군가가 잘 닦아놓은 길에 익숙한 아이들은 막다른 골목, 커다란 구멍, 갈림길, 낭떠러지를 만나면 처음 겪는 낯선 상황에 두려움을 느끼고, 그 자리에 주저앉아 주위를 안타깝게 만든답니다. 유난히 변화에 적극적이지 않고 자기 결정력이 떨어지며 의존적인 모습을 보이는 지금 대한민국의 초등 아이들, 대한민국 아이들은 왜 스스로 해내지 못하는 어른으로 성장하는 걸까요? 대한민국의 초등 아이들은 왜 이렇게 학교를 부담스러워할까요? 우리 사회가 안고 있는 오래된 고민을 하나씩 생각해볼까 합니다.

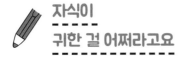

자식이
귀한 걸 어쩌라고요

학교를 마치고 나온 아이의 책가방과 겉옷을 양손에 들고 아이의 뒤를 따르는 부모와 당연하다는 듯 모든 짐을 던지듯 건네는 아이. 여유롭고 부족함 없이 살뜰하게 아이를 챙기는 것으로 만족감을 느끼는 부모와 그걸 누리면서도 고마워하지 않는 아이의 모습은 낯설지 않습니다. 한국은 OECD 국가 중 출산율이 가장 낮아 가정 대부분이 한둘의 자녀를 갖고 있습니다. 돌보아야 할 자녀의 수가 적다 보니 부모는 당연히 자녀에게 모든 관심을 집중합니다. 자식을 많이 낳아 집안의 일꾼으로 키우던 시대의 아이들이 공부를 비롯한 모든 일을 스스로 해결할 수밖에 없던 것과는 확연히 달라진 모습이죠.

가정 경제의 상당한 부분을 자녀를 위한 교육 비용이 차지하는 것도 당연한 사회 분위기가 되었습니다. 아이에게 들어가는 교육비, 책값, 장난감 비용 등을 얼핏 떠올려도 결코 만만찮은 액수일 거예요. 성인이 된 자녀의 뒷바라지를 위해 노후를 포기한 채 오랜 희생을 감수하는 것도 마찬가지입니다. 또 지금의 부모는 아이가 명문대에 들어가고 대기업에 입사하기 위한 빠른 길을 제시하며 수월하게 목표지점에 도달할 수 있도록 돕는 매니저 역할을 자처합니다. 교육이 곧 자녀의 성공이라 믿으며 자녀의 성공을 부모의 성공과 동일시하는 건 말할 것도 없지요. 그러다 보니 우리는 재벌과 정치인 자녀의 병역 비리, 취업 특혜, 대학입시 부정 기사를 보며 분노하면서도 한편으로는 그렇게 해주지 못하는 능력 없는 부모임을 아쉬워하기도 합니다. 뭔가 많이 잘못되었다는 느낌이죠?

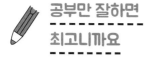

공부만 잘하면 최고니까요

한국에서 거주하는 외국인들이 대한민국만의 다양한 문화 중 가장 충격적으로 여기는 것이 대학입시를 위한 교육열이라고 합니다. 외국인의 시선으로 한국에서의 생활을 소개하는 유튜브 영상 중 빠지지 않는 소재가 바로 '대한민국 고등학생들의 하루 공부 시간'이라니 그렇게 신기한 일인 줄 몰랐습니다. 우리는 그게 당연한 일이고 반드시 그래야만 행복하게 잘 살 수 있다고 믿으며 자랐거든요. 대한민국에서 대학입시는 인재를 발굴하는 가장 편리하고 객관적인 방법으로 여겨져 왔습니다. 우리나라처럼 자원과 영토가 한정적인 국가가 시도할 수 있는 거의 유일한 국가 성장 방법이고, 급하게 성장하려다 보니 이에 따른 부작용도 만만치 않습니다. 유치원부터 시작하여 고등학교까지의 일상이 입시와 성적을 기준으로 돌아가는 일은 대한민국의 평범한 일상입니다. 문제는 이런 입시의 모든 과정이 부모의 주도하에 이루어지고 있다는 것입니다.

아이들은 부모가 세운 입시 계획에 따라 배워야 할 과목과 다녀야 할 학원이 정해지고 부모는 아이의 일정 관리를 위한 매니저처럼 움직입니다. 아이들은 부모의 이런 관심과 관리를 부담스러워하지만 마땅한 대안이 없으므로 학창시절 동안 영혼 없이 학교와 학원을 오가며 입시만을 목표로 긴 시간을 보냅니다. 그렇게 우리의 아이들은 공부만 잘하는 헛똑똑이가 되고 있습니다. 아이 공부에 방해될까 봐 물 한 컵까지 떠다 먹이고, 책가방을 대신 들어주고, 아이 책상을 말끔하게 정리해주는 부모가 대한민국 곳곳에서 공부만 잘하는 헛똑똑이를 부지런히 키워내고 있답니다. 교실에서는 그 누구도 물을 떠다 주지 않고, 내 책상을 치워주지 않아요. 아무리 높은 계단도 하나하나 밟고 올라가야 하고, 아무리 지저분해도 내 사물함은 내가 직접 치워야 하니 학교생활이 편할 리가 있나요.

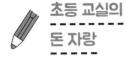

초등 교실의 돈 자랑

"유튜버가 되면 돈을 엄청 많이 벌어요. 저도 유튜버가 될 거예요."
"의사가 되면 돈 많이 벌 수 있으니까 열심히 공부할 거예요."

요즘 초등학생들, 이런 말 참 아무렇지도 않게 합니다. 이 말이 뭐가 문제인지 모른다는 게 더 큰 문제인지도 모르겠습니다. 돈이면 뭐든 다 해결할 수 있다는 생각이 점점 더 당연하게 느껴집니다. 진로를 결정하는 기준이 재능, 흥미, 적성, 성향이 아닌 그래서 연봉이 얼마냐로 바뀌고 있습니다. 아이의 이런 말을 들으면서 돈이 인생의 전부가 아니라는 조언 대신, 이왕이면 연봉이 높은 직업을 부추기는 부모도 이상하지 않은 시대입니다.

돈이 많으면 당연히 좋겠지요. 돈 싫어하는 사람 못 봤습니다. 그런데 문제는 이런 문화를 아이들이 고스란히 닮아가고 있다는 겁니다. 부모의 돈을 자랑하고, 본인의 통장 잔액을 당당히 공개합니다. 돈이면 최고인 줄 아는 부잣집 아이들이 교실에서 돈 자랑, 집 자랑, 차 자랑을 하느라 목에 핏대를 세우는 걸 보고 있자면 기가 막힙니다. 이거, 40대 아저씨들이 소주 한 잔 앞에 두고 나눌 이야기 아닌가요? 부잣집 친구들만의 문제가 아닙니다. 부모가 부자가 아닌 것이 부끄럽고 아쉬운 나머지 아이들은 용돈이 적고, 최신형 스마트폰이 없어 친구를 사귀지 못한다는 괴상한 논리로 부모 마음에 못을 박습니다. 아직 친구 사귀는 방법을 몰라 서툰 상황을 물질을 방패 삼아 숨고, 쉬는 시간이면 마음 붙일 곳을 찾아 교실을 빙빙 돌다 끝납니다. 마음을 열고 친구들에게 다가가려는 노력도 하지 않은 채 말이지요.

낮은 출산율로 인해 귀하게 키우는 분위기, 입시 위주의 교육과정으로 공부만 잘하면 된다는 성적 만능주의, 교실 안에서까지도 돈이 최고가 되어버린 안타까운 분위기, 이런 분위기들이 우리 부모를 통해 고스란히 아이들에게 전달되고 있습니다. 스스로 해내야 할 이유를 모르니 아이들은 충분히 혼자 해낼 수 있는 일도 부모의 도움을 받으며 나약하게 자라고 있답니다. 그런 아이들이 이끌 대한민국의 미래는 어떨까요? 뉴스의 정치, 사회 기사를 보며 절망하고 분노해본 적이 있다면 우리가 제대로 키워야 합니다. 가정이 달라져야 사회가 달라지고요. 그게 결국 우리 아이들이 대한민국에서의 남은 삶을 행복하게 누릴 수 있는 가장 큰 힘이 됩니다. 헬조선을 개탄하며 이민을 꿈꾸기보다 훨씬 더 빠르고 확실한 방법은 지금 우리 집에 있는 이 아이를 끝내 혼자 힘으로 해결해내고 마는 씩씩하고 에너지 넘치는 청년으로 키워내는 일입니다.

교실 속
내 아이를 세우는
매일 작은 성공의 힘

주말이 끝난 월요일 아침이면 2학년인 우리 반 수연이는 유난히 힘들어합니다. 눈에 띄는 영특함으로 수업을 주도하는 아이가 월요일 아침이면 힘들다는 내색을 하더라고요. 왜 그런가 물어보니 이유가 있었습니다. 아이는 주말이면 아침부터 엄마 손에 이끌려 서울 가는 버스를 타고 온종일 박물관, 고궁, 체험관, 전시관, 미술관을 관람한대요. 무슨 말인지 이해되지 않는 안내 자료를 읽어야 하고, 집에 오면 오늘 배운 내용에 관한 일기를 쓰고 관련된 책도 읽어야 합니다. 박물관에서 어떤 것을 배웠고 무엇을 느꼈는지에 관한 엄마의 질문이 쏟아지면 기억나는 것들을 떠올리며 대답

학교생활이 편안해지는 초등 매일 습관의 힘

은 하지만 이제 점점 흥미가 없대요. 주말에 아무 데도 못 가고 집에만 있는 친구들도 있는데 너는 복이 터졌다며 빠른 걸음으로 앞장서는 엄마의 뒷모습을 볼 때마다 이제 힘들고 재미없다고 말할 수가 없습니다. 엄마가 나를 위해 애쓰는 건 정말 감사하지만 그런 엄마를 따라다니느라 종종거리는 주말여행은 이제 정말 그만두고 싶대요. 평일에 학원 다니느라 바빠서 못 했던 색종이 접기도 마음껏 하고 싶고, 친구들과 놀이터에서 만나 실컷 놀고도 싶고, 때로는 온종일 집 안에서 뒹굴뒹굴 쉬고 싶은데 하나라도 더 배워야 한다며 엄마는 이번 주말엔 또 어디 갈지를 열심히 검색합니다.

부모의 마음은 똑같습니다. 아이가, 적어도 나보다는 멋지고 다양한 경험을 하며 더 큰 세상에서 당차게 살아가길 바랍니다. 현실에 안주하기보다는 변화를 사랑하고 강한 도전정신을 가지고 새로운 시도를 멈추지 않기를 기대하지요. 비록 우리는 이런저런 이유로 그러지 못했고, 앞으로도 비슷하게 살게 되겠지만 내 아이만큼은 그러지 않기를 바라며 최선을 다해 키우고 있을 거예요. 덕분에 아이는 새롭고 다양한 경험을 통해 자신에 대해, 사람에 대해, 세상에 대해 알아가며 도전하고 있습니다. 아이가 지금 경험하고 있는 모든 것들은 스스로에 대한 믿음을 갖게 해주는 소중한 도구가 될 거예요. 하지만 지나치면 독이 될 수 있어요. 아이를 키우는 과정에서는 더욱더 그렇습니다. 아이에게 하나라도 더 많은 것을 주어야 한다는 부담을 안고 있는 우리는 아이에게 양적으로 많은 경험을 제공하는 것이 최선이라고 착각할 때가 있습니다. 그래서 시간과 돈을 아끼지 않고 뭐든 더 많이 해주려고 애씁니다. 풍부한 경험은 보고 배울 기회가 많다는 점에서 의미 있지만 아쉽게도 많은 경험을 준 만큼 다른 아이들보다 더 빠르고 큰 성장을 기대하게 되니 그만큼 실망도 클 수밖에 없습니다.

그렇게 열심이었는데 왜 아이는 여전히 제자리인 걸까요? 본전 생각에 때로 화가 치밀어 오릅니다. 이유는 분명해요. 아이를 진짜 성장시키는 건 꾸역꾸역 따라가서 보고 듣는 수동적인 경험이 아니라 아이 스스로 얻어낸 일상의 작은 성공 경험이기 때문입니다. 사방에 다 묻히면서도 혼자 숟가락으로 이유식을 떠먹으며 의기양양하던 아기 때의 모습을 기억할 거예요. 내가 혼자 하겠다고 빽빽 소리지르면서 벽지 가득 색연필을 그어대던, 눈이 반짝거리던 그 아이들을 초등 교실에서 찾아보기 어려운 이유는 무엇일까요? 왜 우리 아이들은 점점 무력하고 의기소침해지고 있는 걸까요? 이렇게 많은 곳에 데려가고, 체험하게 해주고, 도움이 될 만한 수많은 책도 사주었는데 아이의 표정은 왜 이렇게 시큰둥한 걸까요? 이 모든 시간 속에 아이 스스로 이뤄낸 성공 경험이 있었는지 되짚어보세요. 아이는 그 긴 시간 동안 의지 없이 부모를 따라

다니며 눈앞에 펼쳐진 것들을 보고 머리에 넣기도 했지만, 어느 곳에도 '내가 스스로 해낸 것'은 없었기 때문에 매사 시들할 수밖에 없는 거예요. 초등 교실 속 아이들이 눈을 반짝이며 진지하게 몰입하는 활동은 주제, 과목과 상관없이 '내가 직접 완성한 것'입니다. 결과물이 아무리 서툴고 부족해도 스스로 이뤄냈다는 성취감 덕분에 만족하고 기뻐하는 게 교실 속 우리 아이들의 모습이에요. 대단한 장난꾸러기들도 자기가 잘 해보고 싶은 주제와 활동을 발견하면 놀랄 만큼 확연히 다른 모범생 모드로 변신하여 진지하게 집중하는 모습을 보인답니다.

성장은 혼자 힘으로 할 수 있는 일의 종류가 늘어난다는 것의 다른 표현입니다. 이전에 하지 못했던 것들을 하나씩 '할 수 있게 되면서' 성장의 과정을 밟아가는 거지요. 그렇다면 우리 아이를 성장시키는 '진짜 경험'은 어떤 것일까요? 또래 친구들이 모두 한다거나 학교 공부에 도움이 되는 학습 경험보다는 내 아이가 좋아해 열심히 하고픈 도전이 더 유익합니다. 그래서 아이의 성향이나 기질, 강점과 약점을 파악하여 정제된 경험에 노출시키는 것이 중요하다고 말하는 거예요. 엄마들끼리 팀을 꾸려 아이들을 천문대에 데려가 별자리 관측을 하게 하는 것도 좋지만 남들이 다 하니까 안 할 수 없어 우르르 따라 결정한 건 아닌지 생각해보세요. 그보다는 평소 창의적이고 그리기를 좋아하는 아이라면 책 속의 별자리 중 맘에 드는 것을 골라 나만의 별자리 이름과 모양을 만들어보는 소박한 활동이 최고의 경험이 될 수도 있습니다. 그래서 일상에서 아이와의 끊임없는 대화, 함께 보내는 시간을 통해 내 아이를 제대로 파악하고 있는 것이 중요합니다. 평소 우리 아이가 어떤 장소에서 무엇을 할 때 유독 밝은 표정이었는지, 어떤 형식의 놀이와 체험을 할 때 진지하게 집중했었는지, 학교를 마치고 돌아와 재미있었던 일을 얘기할 때의 주제는 무엇이었는지, 꼭 해보고 싶다고 버릇처럼 말하던 것을 흘려버리지 않았는지 등을 하나하나 되짚어보세요. 이때 아이가 도전하는 새로운 경험은 아이의 수준에 비해 너무 쉽지도 어렵지도 않아 누군가의 도움을 살짝만 받거나 시간이 좀 오래 걸려도 결국 해낼 수 있는 수준이 적당합니다. 능력에 비해 지나치게 높은 과제에 노출되면 좌절감을 느끼고 난 역시 못 한다는 무력감을 느끼게 되거든요. 우리 부모가 아이의 성장을 위해 들이는 노력, 시간, 돈이 아이를 성장시키고 스스로 해내는 힘을 기르는 일에 지혜롭게 제대로 사용되기를 진심으로 기대합니다.

스스로 해야 하는
진짜 이유,
4차 산업혁명 시대

'4차 산업혁명 시대'라는 말을 많이 들어봤을 거예요. 여기저기 툭하면 4차 산업혁명 타령입니다. 앞으로 뭐가 엄청 많이 달라진 다는데 그런데, 그래서 도대체 아이를 어떻게 키워야 한다는 건지 새삼스럽고 어렵습니다. 지금부터 하나씩 천천히 살펴볼게요. 우리 아이들이 살아야 할 시대의 중요한 흐름을 부모가 폭넓게 아는 상태에서 기르는 것과 아닌 것은 분명히 차이가 있을 테니까요. 시대가 빠른 속도로 달라지고 있습니다. 현대도 빠르게 변하고 있고 더 빠른 속도로 변화할 거예요.

4차 산업혁명 시대: 디지털 혁명에 기반하여 물리적 공간, 디지털적 공간 및 생물학적 공간의 경계가 희석되는 기술융합의 시대

초연결이 핵심인 플랫폼 시대, 데이터가 가장 중요한 자원이 되는 4차 산업혁명 시대가 열리고 있습니다. 지식의 수명은 점점 짧아지고 있으며 부모 세대가 습득한 지식은 이미 과거의 것이 되어 가는 중입니다. 그것도 아주 빠른 속도로 말이죠. 이제 더 많은 양의 지식을 머릿속에 넣기 위해 노력하는 일은 큰 의미가 없다는 뜻이기도 합니다. 능동적으로 정보를 받아들이고 활용하며 전에 없던 새로운 플랫폼을 창조해내는 이들이 환영받는 시대가 되었습니다. 공부만 잘하는 학생이 대접받는 시대는 끝나고 있어요. 그래서 공부만 잘하면 최고였던 시대에 살던 부모가 새로운 시대에 관한 부족한 경험과 정보를 토대로 제공하는 가르침만으로는 빠르게 변하는 미래를 대비할 수 없습니다. 이것이 아이가 자신의 길을 개척하도록 키워내야 하는 중요한 이유랍니다. 마음과 정성을 다해 먹이고, 입히고, 가르치되 빠른 시대의 흐름과 변화 앞에서도 유연하고 편안하게 적응해내는, 그래서 자기 삶의 진짜 주인으로 멋지게 살아가는 아이로 성장할 수 있도록 도와주세요. 출발은 우리, 부모입니다.

4차 산업혁명 시대의 교육은 새로운 상황이나 의미 있는 맥락에

서 지식을 활용하고 실제적인 과제를 수행하는 능력을 길러주는 방향으로 변화할 것입니다. 얼마나 알고 있느냐가 아니라 이미 공유된 지식을 바탕으로 새로운 지식을 만들 수 있는 기량을 가지고 있느냐가 능력을 판단하는 요소가 되었습니다. 이것이 바로 현재 대한민국 교육과정의 핵심인 '역량 중심의 교육과정'입니다. 현재 대한민국 국가 교육과정으로 적용되고 있는 2015 개정 교육과정에서 제시하고 있는 핵심역량은 자기관리, 지식정보처리, 창의적 사고, 심미적 감성, 의사소통, 공동체의 여섯 가지로 정의됩니다. 역량(力量)이란 어떠한 일을 해낼 수 있는 힘을 뜻하는데요. 독일, 캐나다, 싱가포르, 호주, 뉴질랜드 등 여러 나라에서도 이미 역량 중심의 국가 교육과정을 설계하고 있으며, 이는 4차 산업혁명 시대의 세계적인 흐름이 되고 있습니다.

지금까지는 인터넷에 연결된 기기들이 정보를 주고받으려면 인간의 '조작'이 반드시 개입되어야 했습니다. 정확하고 효율적으로 조작하는 것이 인간의 주된 능력으로 꼽히는 시대였지만 앞으로 펼쳐질 4차 산업혁명 시대에서는 인터넷에 연결된 기기가 사람의 도움 없이 알아서 정보를 주고받으며 대화를 나눌 수 있게 됩니다. 점점 우리의 뇌를 이용하여 계획하기, 조직화하기, 우선순위 정하기, 유연하게 생각 전환하기, 점검하기, 기억하기 등의 활동을 할 필요가 없어진다는 뜻입니다. 전자기기에 대한 인간의 의존도는 점차 높아져 어느 사이엔가 인공지능이 알려준 대로 옷을 입고, 식사 메뉴를 선택하고, 우산을 준비할지도 모릅니다. 20년 전만 해도 상상할 수 없었던 스마트폰이라는 도구를 온 국민이 들고 다니는 지금의 모습을 생각해보세요.

그렇다면 인간은 이제 할 일이 없어지는 걸까요? 우리 아이의 취업은 더 힘들어지는 걸까요? 그렇지 않습니다. 그 어느 때보다 인간의 능력이 중요한 시대가 오고 있습니다. 어느 시대를 살아가든 핵심은 인간의 능력입니다. 다만 이전에 요구되었던 능력, 덕목, 역량이 빠른 속도로 변화하고 있다는 것을 기억해야 합니다. 이제까지의 교육이 학습 지능, 언어 지능, 수학 지능 등의 인지 지능을 높이는 데 초점을 두었다면 미래 시대의 인재가 가져야 할 핵심역량은 스스로 판단하고 결정하는 힘입니다. 아무리 학습 지능이 높아도 창의적이지 않고 의사소통에 어려움이 있으면 다른 사람들과 협업할 수 없으며, 비판 없이 수동적으로 사고하는 것은 안타깝게도 미래 시대가 요구하는 인재상이 아닙니다.

그래서 4차 산업혁명 시대를 살아가는 우리 교육의 목표는 '스스로 판단하여 바른 결정을 내릴 수 있는 아이로 키워 독립하게 하는 것'이어야 합니다. 속도보다 중요한 건 방향, 정확하게 세워진 목표라는 것이 새로운 흐름을 반영한 교육의 핵심입니다. 조금 어렵고 딱딱하게 느껴질 것 같아 '그래서 어떻게 키워야 하는지'

에 관한 구체적인 이야기를 시작해볼게요. 먼저, 4차 산업혁명 시대로 지칭되는 미래의 인재가 가져야 할 핵심역량 네 가지를 정리해보려 합니다. 미래인재 핵심역량인 네 가지의 힘에 대해 하나씩 알아보고 아이의 일상 습관에 어떻게 적용하면 좋을지 생각해볼게요.

미래인재 핵심역량 4C	
창의력 (Creativity)	의사소통 (Communication)
협업 (Collaboration)	비판적 사고력 (Critical Thinking)

📝 창의력(Creativity)

창의력은 인문학적 상상력과 과학 기술 창조력을 갖추고 바른 인성을 겸비하여 새로운 지식을 창조하고 다양한 지식을 융합하여 새로운 가치를 창출할 수 있는 능력을 말합니다. 애플의 스티브 잡스는 기술과 인문, 하드웨어와 소프트웨어를 융합시켜야만 미래를 선점할 수 있다는 발언을 해서 화제가 되었었죠. 아이폰은 여러 가지 애플리케이션과 그 안에 담긴 네트워크로 인해 전에 없던 새로운 사회와 세계를 구축하며 인류의 역사를 다시 쓰고 있답니다. 새로운 가치를 만드는 사고와 습관, 즉 창의 융합력의 산출물인 것이죠. 이처럼 기존의 개념과 기술을 융합하기 위해서는 새로운 접근 방식을 통해 스스로 생각할 수 있는 힘이 필요하고요. 이 힘의 전제조건이 바로 창의력입니다.

먼저, 창의력에 관한 우리의 오해를 좀 풀어볼게요. 창의력은 특별한 사람에게만 있는 걸까요? 결코 아니에요. 우리는 누구나 창의적일 수 있습니다. 그런데 왜 우리 아이는 창의적이지 않을까요? 학자 마크 룬코는 "모든 사람은 창의적일 수 있는 가능성을 가지고 있다. 하지만 모든 사람이 그 가능성을 발휘하는 것은 아니다"라고 말합니다. 창의적인 사람은 특별한 인종이 아니라 지금 옆에서 잠들어 있는 우리 아이일 수 있어요. 어떤 성장 환경에서 자라나느냐가 그 사람이 가진 창의적 가능성을 발휘하게 혹은 못 하게 하는 것뿐이지요.

창의력의 중요성이 그 어느 때보다 강조되고 있으며 창의성을 키우는 사교육 과목이 생길 만큼 학부모의 관심도 높아지고 있습니다. 그런데요. 미래인재의 핵심이 될 창의력은 창의 사고력 수학 학원에 다녀야 길러지는 힘이 아니에요. 물론 도움 되는 부분도 있긴 합니다. 하지만 창의력은 뜻밖에도 차곡차곡 쌓이는 일상의 태도에 가장 큰 영향을 받습니다. 창의력을 키우는 결정적인 요소들은 다음과 같습니다.

창의력을 키우는 결정적인 요소 6가지

1. 기초지식   2. 유연한 사고   3. 호기심

4. 모험심   5. 긍정심   6. 여유

여기서 주목해야 할 사실은 1과 2는 인지적 영역이지만 3, 4, 5, 6은 정의적 영역이라는 거예요. 사교육과 학습을 통해 1, 2의 영역을 어느 정도까지 키울 수는 있겠지만 더욱 결정적 요소인 정의적 영역은 결국 부모의 양육 태도, 언어 습관, 가정의 분위기에 의해 좌우됩니다. 무슨 말만 하면 훈계, 트집, 잔소리가 쏟아지는 가정 분위기에서 자유롭고 창의적인 생각을 표현하기란 쉽지 않겠죠. 창의적인 아이의 부모는 아이가 자기 생각을 자유롭게 표현하도록 격려하고 그 생각을 존중합니다. 아이 스스로 많은 일을 결정하도록 하며 아이와 다정하고 친밀하게 보내는 시간에 초점을 맞춥니다. 세상과 사물에 대한 호기심을 표현하는 일을 격려하고, 빈둥빈둥 놀면서 생각하고 공상하는 시간을 갖게 하며, 아이가 노력해서 성취한 것에 대해 반드시 칭찬하며 인정해주지요. 반면 창의적이지 못한 아이의 부모는 아이의 생각이 자신과 다르다는 것을 인정하지 않으며, 부모의 의견에 의문을 제기하거나 반대하는

것을 허락하지 않습니다. 부모가 정한 일정한 형식을 따르지 않으면 벌을 주기도 하고, 부모 앞에서 아이가 화를 내는 등의 솔직한 감정을 표현하지 못하도록 해요. 아이에 대해 만족스럽지 않기 때문에 칭찬도 거의 하지 않는다는 특징이 있습니다. 우리는 지금 어떤 모습의 부모인가요?

📋 의사소통(Communication)

소통의 중요성은 굳이 강조하지 않아도 충분하지만 미래 인재의 핵심역량이라는 측면에서 살펴볼게요. 교실 속 아이들은 소통을 통해 친구, 선생님과 감정을 공유하며 정보와 지식을 경험합니다. 자기 의견을 친구에게 전달하고 친구의 생각과 감정을 받아들이며 서로 끈끈해져 갑니다. 학기초에 낯을 가리고 쑥스러워하던 녀석들이 어느샌가 친해져 쌍둥이처럼 붙어다니는 모습은 초등 교실 속 흔하고 흐뭇한 장면입니다. 4차 산업혁명 시대를 마주한 지금, 이러한 의사소통 과정의 중요성이 한층 더 주목받고 있습니다. 혼자 해결하고 성공하는 시대가 아니라 함께 공감하고 소통함으로써 보다 나은 가치를 창출하고 완성해나가는 시대기 때문이에요. 많은 대학이 집단지성의 가치를 중시하고, 수업의 형태 또한 가르치는 사람과 배우는 사람의 경계를 허물어 함께 고민하고 생각을 나누며 지식과 가치를 창출하는 수업 방식으로 변할 것이라고 합니다. 이미 전 세계적으로 유명한 교수의 강의나 각 분야 전문가의 강의를 인터넷을 통해 누구라도 쉽게 접할 수 있는 시대에 살고 있습니다. 전문지식이 이제는 특정 집단의 소유가 아니라 누구나 참여하고 경험하며 그에 대한 의견을 더할 수 있는 시대인 것입니다. 독일에서 지난 몇 년 동안 엄청난 인기를 끌고 있으며, 우리나라에서도 시도하고 있는 사이언스 슬램(Science Slam)은 의사소통을 바탕으로 한 새로운 형태의 학습입니다. 참가자들은 학술적인 내용으로 경연하는데, 이를 위해서는 복합적인 사고가 필요한 지식을 쉽고 재미있게 설명할 수 있는 능력이 필요합니다. 주제는 다양한데요. 인공위성, 우주의 진실 같은 전문적인 내용부터 왜 술맛이 때마다 다른지 등 일상에서의 호기심까지를 폭넓게 다룰 수 있다고 하네요. 생각만 해도 흥미롭고 설렙니다. 본인이 정한 주제를, 10분 정도의 짧은 시간 동안 다양한 연령대의 청중에게 이해시켜야 하는 의사소통 능력이 필요하고, 그것을 통한 정보의 공유가 극대화된 사례입니다.

그렇다면 교실 속 우리 아이들에게 의사소통 능력은 어떻게 적용해보면 좋을까요? 의사소통의 기본은 다른 사람의 의견을 경청하고 수용하는 자세입니다. 아이들은 처음엔 말을 잘하는 친구에게 호감을 보이지만 서서히 자연스럽게 잘 들어주는 친구에게 마음을 연다는 공통점이 있어요. 먼저 잘 듣는 습관을 만든 후에 말하기와 쓰기를 연습해도 늦지 않다는 의미지요. 잘 듣고 잘 말하는 꾸준한 연습을 통해 일상생활 속에서, 학교라는 단체생활 속에서 친구들과의 갈등이 생겼을 때, 좌절하지 않고 문제해결을 위해 노력할 수 있게 되는 거예요. 지금 아이의 교실 속 친구 관계가 서툴고 힘들더라도 아이가 앞으로 겪게 될 다양한 인간관계의 하나일 뿐이라고 생각해주세요. 아이 스스로 극복할 수 있도록 기회를 주고 격려하며 자신의 힘으로 해결하도록 돕는 것이 우리 부모의 역할이랍니다. 교실 속 다양한 친구 관계, 소통에 관한 팁은 3부에서 구체적으로 말씀드릴게요.

협업(Collaboration)

이세돌 9단을 가볍게 눌렀던 인공지능 알파고를 보며 어떤 생각이 들었나요? 혹시 인공지능이 가진 뛰어난 능력들이 인간에게 큰 위협이 될 것 같다는 불안한 마음이 들지는 않았나요? 이것 역시 인공지능에 관한 오해랍니다. 앞으로는 인공지능과의 경쟁이 아니라 인공지능의 강점과 능력을 최대로 활용하는 협업을 통해 더 효과적이며 여유 있는 생활을 영위할 수 있게 될 거예요. 그래서 상대와의 부드러운 협업에 강한 사람이 주목받을 수밖에 없답니다.

아이들은 학교에서 친구들과 함께 어울려 생활하고 학습하며 협력하는 방법을 배웁니다. 거의 모든 교과목과 연계하여 교실 속 친구들과의 협력의 가치와 중요성을 강조하지만 그 가치를 공감하고 수용하는 데 걸리는 시간은 제각각이에요. 오히려 협력보다 경쟁이 만연해 있는 문화 속에서 비뚤어진 협력을 배우거나 협업에 대한 부정적인 경험을 가진 채 성장하기도 합니다. 교실에서는 개인 활동보다 4~6명 정도로 구성된 모둠 단위의 활동을 많이 해요. 대부분의 교과와 주제활동에서 모둠원들끼리 의견을 나누고 모아 결과물을 만들어내는 방식을 적극적으로 활용하고 있습니다.

그 과정에서 친구들끼리 서로 의견이 맞지 않아 다투기도 하고 심한 갈등으로 더는 모둠 활동이 진행되지 못하는 경우도 종종 볼 수 있습니다. 학교에 다녀온 아이가 "우리 모둠의 누구 때문에 너무 짜증이 나"라고 말할 때가 있을 거예요. 당연한 반응입니다. 네 명이 넘는 아이들의 의견이 매번 하나로 착착 모인다는 게 오히려 이상한 거지요. 관건은 이런 갈등 상황을 얼마나 지혜롭고 부드럽게 해결할 수 있느냐입니다. 당연히 불편하고 짜증 나지만 이런 형태로 이루어지는 협업은 초등 시기에 교실 속에서 겪어내야 할 필수적인 과정입니다.

이러한 과정에서 협업을 부정적으로 인식하지 않기 위해 협력을 위한 긍정적인 자세와 태도가 필요합니다. 협업과정에서 생기는 문제 대부분은 서로 다른 생각을 받아들이지 못하는 것에서 시작됩니다. 자기중심적인 성향이 남아있는 유·초등 시기의 아이들은 이 부분에 약할 수밖에 없지요. 인내심을 가지고 친구의 의견을 듣고 판단해야 하며, 욕심, 시기심, 분노 등을 조절할 수 있어야 하는데 쉽지 않습니다. 가정마다 자녀의 수가 줄어드는 추세로 인해 어려서부터 양보하고 눈치를 살피거나 상대를 배려하는 경험이 줄었기 때문에 어찌 보면 당연한 결과입니다. 이 말은 의도적으로 신경 쓰지 않으면 협업이라는 중요한 역량은 길러지지 않는다는 뜻이기도 합니다.

가정에서 협업을 경험하기 위해 계획해볼 만한 활동에는 보드게임, 레고 만들기, 가족여행 계획 세우기, 요리하기, 반려동물 돌보기, 화초 가꾸기, 집안일 함께 하기 등이 있는데요. 이 경우 모든 것을 아이 중심으로 맞춰주지 말고 아이와 부모가 동등한 협력자로서 함께 상의하고 역할을 분담하여 진행하는 것을 권합니다. 부모님과의 다양한 경험을 통해 연습이 되었다면 이제는 또래 다른 친구들과 함께하는 팀 단위의 활동을 해보는 경험도 유익합니다. 단기간에 성취감을 경험할 수 있는 농구, 축구 등 팀 단위의 스포츠 활동도 좋고, 과학캠프나 자연 속에서 이루어지는 캠프 활동도 협업을 위한 적절한 과정입니다. 친구들과의 관계 속에서 이견을 조율하고 양보하며 새로운 대안을 찾아가는 과정이 버거울 때도 있겠지만 그로 인해 더 큰 성취감과 즐거움을 경험하면서 더 단단한 아이로 성장하게 될 거예요.

📝 비판적 사고력(Critical Thinking)

유대인의 하브루타 교육법에 대한 관심이 커지고 이를 가정과 교실의 교육에 적용하는 사례가 유행처럼 번진 적이 있었습니다. 물론 지금도 하브루타의 인기는 식을 줄을 몰라 관련 도서들이 꾸준히 출간되어 사랑받고 있어요. 하브루타는 유대인들의 전통적인 교육방법으로 두 사람이 짝을 이루어 상대방과 생각을 나누며 서로의 의견을 반박하거나 질문하면서 비판하는 과정을 통해 토론을 이어가는 형태예요. 이 과정에서 꼭 필요한 요소가 바로 '비판적 사고'입니다. 상대방의 생각과 의견을 그대로 수용하는 것이 아니라 '왜?'라는 궁금증을 가지고 비판적 분석과정을 통해 판단하는 것입니다. 수용과 인정은 대화와 사고를 끝맺지만, 비판적 사고를 통한 질문과 반박은 더 많은 고민과 질문 그리고 새로운 가치로 나아갈 수 있는 통로가 됩니다.

이런 비판적 사고력을 길러보는 일상의 습관에는 뭐가 있을까요? 주변에서 흔히 접할 수 있는 소재를 찾아 사실과 의견을 구분해보는 연습을 하는 것은 재미있는 시작이 될 수 있어요. 짧은 시간 안에 설득력 있는 말과 글로 구매자들을 설득하는 광고는 아이들에게 친숙하고 흥미롭기 때문에 광고를 소재로 사실과 의견을 구분해보는 놀이가 있습니다. 예를 들면 비타민 베ㅇㅇ의 광고를 보면 '열정이 배로, 에너지가 배로'라는 홍보 문구가 나옵니다. 포함된 성분이 도움이 되긴 하겠지만, 비타민을 먹는다고 열정이 샘솟거나 에너지가 배로 넘치기는 사실 어렵죠. 이렇게 과장되거나 사실과는 다를 수 있는 내용을 아이와 함께 찾아서 그에 관해 이야기를 나누어보는 거예요.

비판적 시선으로 고전을 읽으며 토론해보는 것도 좋습니다. 홍길동전, 심청전, 흥부전 등 잘 알려진 고전을 함께 읽고 이 이야기들을 비판적으로 분석하는 방법입니다. 아무리 좋은 의도로 시작했다고는 하지만 홍길동이 의적으로 칭송을 받고 영웅 대접을 받는 것이 옳은 일인지, 그 과정에서 사회질서가 무너지는 일은 방관해도 괜찮은지 등 친숙한 이야기 속에서 토론의 쟁점이 될 수 있을 만한 소재를 찾아보는 거지요. 아이가 재미있게 읽었던 책 중에서 선정하는 것이 좋고요. 부모의 주도로 시작하여 점점 아이에게 주도권을 넘기고 토론 주제를 직접 선정하도록 기회를 주세요.

초등 고학년으로 갈수록 신문기사, 사설, 칼럼 등은 유익한 사고력 훈련이 됩니다. 사회적인 이슈에 대해 해당 분야의 전문가나 지식인들이 다양한 관점과 입장에서 의견을 제시하기 때문에 폭넓은 전문적 지식을 습득할 수 있고, 지식인들의 사고방식과 논리를 간접적으로 경험할 수도 있으니까요. 같은 사안과 주제에 대해 신문사에 따라 또는 개인별로 다양하고 상반된 의견을 비교할 수 있어 균형 잡힌 시각으로 비판적 사고력을 키울 수 있습니다.

독일 ←

독일인의 자녀교육은 '더불어 살아가는 사회와 구성원의 인성'을 강조합니다. 아이를 가능성의 존재로 바라보며 생각하는 힘을 길러주고 내면의 힘을 발휘할 수 있도록 믿어주는 자연스러운 교육을 지향합니다. 이를 통해 자기 인생에 대한 주체성과 자립심을 키워주기 위해 노력하지요.

모든 것이 질서 정연하다

독일 사람들이 대화에서 자주 쓰이는 말 중 '알레스 인 오르트눙(Alles in Ordnung)'이라는 말이 있습니다. '괜찮아' 또는 '다 잘됐어' 정도의 의미로 쓰이지만 직역하면 '모든 것이 질서 정연하다'라는 뜻이라고 합니다. 언어에서 느낄 수 있듯이 독일인의 삶에서 질서는 중요한 생활신조입니다. 독일 아이들은 가정과 학교에서 자기 물건을 정리 정돈하는 개인적인 일은 물론이고, 규칙과 약속을 지키는 사회적인 일 등을 스스로 해낼 수 있도록 철저하게 훈련됩니다. 이것은 독일 시민교육의 핵심으로 나이가 어릴지라도 그들이 사회 구성원임을 일깨우고 그것에 맞게 행동할 수 있도록 교육하는 것입니다.

《독일 엄마의 힘》을 집필한 박성숙 작가는 독일 엄마를 '항상 주변을 돌아보고 공동체에 필요한 예의를 중요하게 생각하는 사람'으로 소개하고 있습니다. 독일 엄마는 아이들에게 식당 예절, 친구들 사이의 규칙, 공공장소에서 지켜야 할 규범 등을 지키도록 끊임없이 이야기하고 가르칩니다. 아이를 통제하기보다 스스로 바른 행동을 할 수 있도록 배려하는 세심함과 지혜가 담겨 있습니다. 집 밖을 나서면 아이에게 더 많은 잔소리를 하고 집에서보다 더 엄격하게 대합니다. 걸음마를 갓 뗀 아기가 실수로 벤치에 앉은 사람의 발을 밟기라도 하면 부모가 바로 달려와 아이에게 주의를 주고 사과하도록 가르칩니다. 상대방이 아무리 괜찮다고 해도 아이가 사과할 때까지 끈질기게 타이릅니다. 크든 작든 남에게 피해를 주면 사과를 하고 용서를 구해야 한다는 걸 가르치려는 노력입니다.

학교생활이 편안해지는 초등 매일 습관의 힘

▌ 자립심과 책임감

독일인들은 개인의 자유와 개성이 존중돼야 하듯 타인의 자유와 개성 역시 중요하다고 생각합니다. 개인이 원하는 것을 하되다른 사람에게 피해를 주거나 불편을 끼치지 않는 것이 핵심입니다. 정해진 규칙과 범위 안에서 누리는 자유, 이 자유를 기반으로형성된 독일은 인간의 기본 덕목으로 '자립심'과 '책임감'을 강조합니다. 자립심은 아이가 성장하면서 자신의 삶을 건설적이고 능동적으로 설계해나가는 원동력입니다. 이러한 자립심이 싹트는 첫터전이 가정이겠지요. 독일 아이들은 집에서 식사 준비 돕기, 구두 닦기, 집 청소하기 등의 소소한 일을 함으로써 자립심과 책임감, 성취감을 경험합니다. 여기서 주목할 것은 자녀를 집안일에 참여시키고 그것을 잘 수행할 수 있도록 독려하는 독일 부모의 사랑과 인내심입니다. 아이가 실수해도 꾸중과 비난이 아니라 격려와응원으로 끝까지 해낼 수 있도록 돕는 일에 애씁니다. 이 과정에서'할 수 있다'라는 자신감을 얻는 건 당연한 결과일 것입니다.

▌ 책임도 네가 져야 해

독일 부모가 아이에게 자주 하는 말이 있습니다. "네가 알아서결정해. 그리고 책임도 네가 져야 해"입니다. 아이가 자유롭게 선택할 수 있도록 자율성을 허락하고 동시에 책임감을 부여하는 것입니다. 어릴 때부터 공동체를 위한 양보와 희생을 존중하는 교육을 받고 자란 독일 부모는 아이에게도 똑같은 교육을 합니다. 크든 작든 자신의 문제를 스스로 해결하도록 풀어놓았지만 사랑의 눈으로 지켜보고 관찰하려는 노력을 멈추지 않습니다. 일찍부터 자립심을 키워주기 위해 자기 일은 자기 스스로 할 수 있도록 합니다. 어린아이라도 옷 입는 법, 방 정리하기, 숙제하기 등 자기 일은 자기 스스로 하도록 하며 절대 도와주지 않습니다. 어렸을 때부터 이런 생활방식을 가지고 있기에 빨리 어른스러워지며 책임감이 강한 사람으로 자라는 것입니다.

학교생활이 편안해지는 초등 매일 습관의 힘

1. 수시로 아이 인생의 큰 그림을 그리세요

2. 일상 곳곳에서 아이에게 최대한 많은 기회를 주세요

3. 아이의 생활을 규칙적이고 단순하게 만드세요

4. 아이를 신뢰하고 있음을 수시로 표현하세요

5. 뒹굴거리고 마음껏 노는 시간을 충분히 확보해주세요

6. 바로 대응하지 말고 천천히 속마음을 읽어주세요

7. 일상의 아주 작은 모습도 칭찬해주세요

8. 직접적인 지시 대신 간접적으로 생각을 표현해주세요

9. 말, 행동, 표정에서 아이를 향한 긍정 메시지를 전달하세요

10. 부모 자신의 에너지를 파악하고 유지하기 위해 노력하세요

[마무리] 선진국의 자녀교육 사례 2. 유대인

제 2 부

본격,
일상 속 부모 습관
점검하기

나는 얼마나 혼자 하도록
하고 있나요?

부모용

  초등 아이의 매일 습관을 잡기 전에 부모 습관부터 점검하고 시
작하겠습니다. 이유는 간단합니다. 아이의 습관은 부모의 습관을
그대로 모방하게 되어 있고, 부모가 어떤 습관으로 아이를 기르느
냐에 따라 확연히 다른 모습으로 성장하기 때문이지요.

항목	질문	O
가정	아이와 함께 있을 때 책가방, 겉옷을 대신 들어준다.	
	아이 방을 정리해주고 학교 준비물, 과제를 챙겨준다.	
	집안일은 부지런하게 알아서 다 해놓고 아이에게 시키지 않는다.	
	식사 준비가 끝나면 아이들을 부르고 오직 먹도록 한다.	
	학교 준비물이 무겁거나 학교에 늦을 것 같으면 차로 데려다준다.	
	등교, 하교할 때 부모님께 예의 바르게 스스로 인사한다.	
학교	교실에 살짝 들어가 사물함, 책상 서랍을 정리해주기도 한다.	
	아이의 학교 용품에 하나씩 이름을 써주고 스티커를 붙여준다.	
	학교, 학원, 운동이 끝나면 항상 바로 전화하라고 시킨다.	
시간	등교시간, 학원시간에 늦을까 봐 아이를 재촉하여 내보낸다.	
	아이가 일어날 때까지 계속 옆에서 지켜보며 깨운다.	
경제	용돈을 주지 않고 필요한 것은 모두 직접 사다 준다.	
	용돈을 되도록 충분히 주고 원하는 것은 웬만하면 모두 사준다.	
여행	아이가 화장실을 원하면 물어봐주고 데려다준다.	
	비행기 안에서 필요한 것이 있으면 대신 요청하여 얻어다 준다.	
스마트폰	스마트폰을 언제 어디서든 원하는 만큼 자유롭게 사용하게 해준다.	
	꼭 필요하지 않다고 느끼지만 아이가 졸라서 스마트폰을 사줬다.	

본격, 일상 속 부모 습관 점검하기

수시로
아이 인생의
큰 그림을 그리세요

지난 겨울 많은 부모의 마음을 심란하게 했던 드라마 〈스카이캐슬〉 기억하시죠? 픽션이라고 했지만 현실의 모습을 일정 부분 사실적으로 묘사하고 있음을 눈치챘을 겁니다. 몇억을 주고도 구하지 못하는 입시 코디네이터, 내신 성적을 위한 시험지 유출 사건, 눈치작전, 정보전쟁의 모습은 아이와 부모 모두가 갖고 있던 대학입시에 관한 막연한 불안감과 두려움을 자극했습니다. 안 그래도 불안했는데 훨씬 더 불안해진 것이죠. 드라마가 화제가 되자 극중 김주영 선생님 같은 입시 코디의 도움을 받았었다거나 도움받은 친구를 봤다는 이야기가 명문대생들 사이에서 부지런히 오갔다고 하더군요. 어디까지가 현실인지 궁금해하며 드라마를 정주행했던 기억이 납니다.

아직은 어리지만 몇 년 지나지 않아 곧 우리 아이들이 입시를 준비할 날이 올 거예요. 원하는 대학 합격이라는 목표를 위해 온종일 노력해 내신 점수를 챙겨야 할 테고, 수행평가, 생활기록부, 봉사활동, 동아리 활동까지 최선을 다해 꽉 찬 학창시절을 보내게 될 것입니다. 노력한 만큼 좋은 결과도 있겠지요. 여기서 잠깐 생각해볼게요. 아이 인생의 유일한 목표였던 원하던 대학에 합격하면 기쁘고 뿌듯하고 행복하겠지만 인생은 거기서 끝이 아니잖아요? 어떤 면에서는 입시 이후의 삶이 훨씬 더 많이 남은 인생의 결정적인 것들일 수도 있어요. 대학 합격이라는 유일한 목표를 잃고 난 공허함과 허무함에 오래 방황하는 대학생 수가 늘어가고 있는 건 이제 평범한 기삿거리가 되었습니다. 꿈이라고 믿고 꾸준히 노력했고 원하던 성취를 이루었음에도 불구하고 허무해지는 이유는 그 꿈이 진짜 자기가 만든 자기가 원하는 꿈이 아니었기 때문이에요. 학창시절보다 더한 고민을 하며 인생의 목표를 찾지 못해 방황하는 대학생의 모습이 우리 아이의 미래는 아니기를 간절히 바랍니다. 그런 모습을 보며 답답하지만 딱히 다른 방법을 찾지 못해 서른, 마흔이 되어서도 독립하지 못한 자녀의 끼니를 걱정하는 일이 없도록 우리는 지금부터 마음의 준비를 단단히 해야 합니다.

본격, 일상 속 부모 습관 점검하기

《인생 수업》의 저자 법륜스님은 아이가 성인이 되면 무조건 부모에게서 독립해야 한다고 합니다. 부모를 힘들게 하기 때문이 아니에요. 자신만의 독립적이고 자유로운 삶을 기획하고 살아가는 것이 삶의 만족도를 높이고 행복을 추구할 수 있는 방법이기 때문입니다. 부모 모두가 간절히 바라는 것이 자녀의 행복이라면 새겨들어야 하지 않을까요? 성인이 되었음에도 부모에게 의존하여 도움을 받는 삶은 당장은 편안하고 안정적이라 달콤하게 느껴지겠지만 인생 전체를 놓고 보면 결국 독이 됩니다. 힘들더라도 상처 입고 실패하는 시행착오를 겪으며 앞으로 한 발씩 나가는 것이 인생입니다. 주체적이고 자유로운 삶이 주는 즐거움을 부모의 불안과 걱정 때문에 막아서는 안 됩니다.

대학생 자녀를 둔 엄마들끼리 하는 단체 카톡방이 있어요. 의대 등 명문대가 더 심한 편인데, 그 카톡방에서는 대학생 자녀의 스케줄 관리, 과제 관리, 교수님 챙기기 등이 주된 대화 주제라고 하네요. 자녀는 언제까지 부모의 도움을 받게 될까요? 학창시절, 공부는 잘했을지 모르지만 성인이 되어서도 심리적, 경제적으로 독립하지 못한 대학생들은 언제쯤 진짜 독립을 하게 될까요? 초등 아이들은 스스로 해결하기 싫고, 귀찮고, 힘들어서 학교를 싫어하게 됩니다. 따라서 부모로부터 심리적, 물리적으로 거리를 가져본 경험이 없는 친구들은 초등 입학 적응이 눈에 띄게 더딜 수밖에 없어요. 정성을 쏟아 열심히 길러낸 아이가 1학년 교실 앞에서 들어가지 않겠다고 울면서 엄마를 찾는 일은 3월 첫 주 초등학교의 흔한 풍경이랍니다.

우리 아이의 독립을 시도해보려 한다면 그 전에 한 가지, 마음에 새겨야 할 것이 있어요. 아이 스스로 해내는 힘만큼은 부모가 어떻게 양육하느냐에 따라 결과가 달라질 수 있다는 거예요. 독립적이고 자주적인 성향으로 태어나는 아이도 있겠지만 이 아이들은 '스스로 하는 것을 좋아하는 아이'지 '끝까지 스스로 해내는 아이'는 아니에요. '우리 아이는 원래 혼자 뭘 못해요' 혹은 '절대 혼자서는 안 하려고 하고 새로운 걸 봐도 관심을 보이지 않아요'라며 답답할 때가 있었죠? 스스로 뭔가를 하는 일에 큰 관심이나 욕심을 보이지 않는 소극적인 성향의 친구들도 꾸준한 일상의 습관을 통해 충분히 '스스로 해내는 아이'가 될 수 있다는 걸 기억해주세요. 타고난 성향을 아쉬워하기보다는 노력으로 성장시킬 수 있는 성향에 집중해주세요. 아이의 타고난 모습 중 아무리 생각해도 아쉬운 부분이 있다면 노력과 습관의 힘으로 보완하도록 돕는 것은 부모만이 할 수 있는 일이니까요. 중요한 사실은, 일상 곳곳에 숨어있는 아이의 좋은 습관을 위한 열쇠들이 부모의 습관에 따라 빛을 발하기도 하고 그대로 묻히기도 한다는 것이죠.

모녀 하버드 졸업생으로 유명한 《나는 희망의 증거가 되고 싶

본격. 일상 속 부모 습관 점검하기

다》의 서진규 작가는 딸의 자립심과 독립심을 키워주기 위해 자신과 동료들의 구두를 닦아 직접 용돈을 벌도록 했다고 합니다. 중학교 때는 세차를 하고 이웃집 잔디도 깎았으며 베이비시터, 식당 종업원 등의 일을 경험하도록 했어요. 책, 교실 속의 공부보다 직접 경험하고 체험함으로써 살아있는 교육을 하려고 의도한 것이죠. 우리도 이제 아이에게 미리 너무 많은 것을 주지 말고 스스로 진정으로 원하는 것을 노력이란 과정을 통해서 얻는 경험을 주는 건 어떨까요? '내가 진정 좋아하는 것은 무엇인가?' '나에게 이 물건이 왜 필요한가?'라는 생각의 멈춤을 통해 아이의 내면은 단단해지고 한 뼘 더 성장하게 됩니다. 아이가 스스로 해내는 힘을 길러 학교라는 낯설고 불편한 사회에서 자연스럽고 편안하게 적응할 수 있도록 도와주세요.

일상 곳곳에서
아이에게 최대한 많은
기회를 주세요

이제 막 걸음마를 뗀 아이가 혼자 미끄럼틀에 올라가겠다고 고집을 부리는 모습을 아슬아슬한 마음으로 지켜본 적 있으시죠? 혼자 해보겠다며 가위를 잡고 삐뚤삐뚤 엉망으로 만들고는 신이 난 아이를 보며 웃음이 난 적도 있을 거예요. 그런 아이가 바닥에 흘리는 밥풀과 종잇조각이 지저분하고 치우기 번거롭다는 이유로 "이제 그만해"라고 선을 그어본 적도 분명히 있을 거예요. 아이에게는 부모가 또는 주변 어른이 하는 일들을 직접 해보고 싶고 만져보고 싶고 따라 해보고 싶은 욕구가 넘치는데요. 안타깝게도 부모가 무심코 던진 말과 행동 때문에 이 욕구를 분출하지 못하고

본격, 일상 속 부모 습관 점검하기

살아가기도 한답니다. 이렇게 몇 번 거절당하면 당연히 스스로 해보려는 의지가 생기지 않겠죠? 그러니 스스로 해내는 아이로 성장하길 바란다면요. 일곱 살짜리 아이가 설거지를 하고 싶어 하거나 열 살짜리 아이가 라면을 끓여보려 할 때 안 된다고 하지 말아주세요.

아이가 해보겠다는 일에는 일단 긍정, 하지만 걱정되는 부분과 기억할 사항은 자세하게 설명해주세요. 하면 안 되는 이유가 백 가지고, 해봐도 되는 이유가 한 가지라면 그건 해보게 해도 되는 거로 생각해주세요. 어떻게든 직접 해볼 기회를 만들기 위해 궁리해주세요. 설거지하는 방법을 설명하면서 시범을 보이고, 떨어뜨려도 깨지지 않을 그릇부터 하나씩 시작해볼 수 있게 도와주세요. 라면 끓이는 과정을 직접 보여주면서 설명하고, 아이가 혼자 해보려고 할 때 옆에서 지켜보며 위험한 상황을 대비하는 것이 부모의 일입니다. 설거지하다가 컵을 깨뜨리거나 라면을 끓이다 손을 데어도 나무라지 마세요. 서툰 손으로 어떻게든 혼자 해보려고 시작한 것만으로 잘했다고 칭찬해주세요. 아이의 시도를 대견해하며 지지하고, 다음에는 더 잘할 수 있을 거라며 기대와 신뢰를 보내고, 아이가 어지른 부엌을 함께 정리하는 부모가 되어주세요.

책상 정리 한 번, 식탁 정리 한 번 해보지 않고 초등학생이 된 아이들은 교실 바닥을 난장판으로 만들고도 어떻게 해야 할지 몰라 두리번거리기만 한답니다. 답답하게 바라보며 꾸중하는 담임 선생님을 원망하기 전에, 우리 아이가 얼마나 많은 '스스로 하는 경험'을 가졌는지 점검해보세요. 교실은 혼자만의 공간이 아니며, 그 누구도 엄마, 아빠처럼 나를 적극적으로 도와줄 사람이 없는 곳이라는 것을 떠올려본다면 정답은 분명합니다.

학부모의 학교 출입이 자유로웠던 시절, 방과 후에 남아 업무를 하다 보면 교실 뒷문을 똑똑 두드리며 들어오는 엄마들이 있었어요.

"어머, 선생님 계셨네. 죄송해요, 선생님. 애가 숙제를 안 들고 왔네요. 아이고, 사물함이 이게 무슨 꼴이야. 선생님, 저 잠깐만 사물함 정리 좀 해주고 갈게요."

한두 명의 사례가 아닙니다. 저학년일수록 심하지만 고학년이라고 없지는 않았어요. 숙제를 챙겨가지 못했다면 못 챙긴 아이가 스스로 상황을 해결해야 하며, 엉망인 사물함을 발견했다면 정리해주지 말고 정리하는 법을 하나씩 일러주며 직접 해보도록 하는 게 정답입니다. 해주지 못하는 이유가 있어서가 아니라 아이가 해야 할 일이기 때문에 안 해주는 겁니다. 아이가 도움을 청할 때마다 마음속으로 새기세요.

본격. 일상 속 부모 습관 점검하기

'이걸 내가 도와줘야 하는 이유가 있나? 내가 해주지 않으면 어떤 일이 일어날 것인가?'

평균적으로 직장 엄마를 둔 아이들이 더 야무지고 문제해결력이 강한 이유는 벌어진 문제 상황을 도와줄 사람이 없다는 사실에서 시작됩니다. 엄마가 없으니 어떡하든 온갖 고민을 해가며 상황을 해결하기 위해 노력하고 그러는 과정에서 전보다 더 스스로 해내는 아이로 성장하는 거예요. 그러니 집에 있는 엄마라고 해서, 시간이 많은 부모라고 해서 쉽게 도와주지 마세요. '엄마에게 얘기하면 어떻게든 해결되겠지'라고 생각하며 마음 편한 아이 옆에서 발 동동 구르는 엄마가 되지 않기를 바란답니다.

아이가 할 수 있을 만한 일도 기꺼이 다 해주는 부모 밑에서 스스로 아무것도 하지 못하는 아이가 자라고 있습니다. 스스로 성장할 좋은 기회를 놓쳐버린 안타까운 아이죠. 일상의 다양한 문제를 스스로 시도하는 과정에서 성공과 실패를 경험하고 이러한 경험을 통해 문제를 해결하는 요령, 상황에 맞는 적절한 판단을 할 수 있는 의사 결정력을 기를 수 있는 결정적인 기회를 빼앗은 것과 같습니다. 아이를 사랑하니까, 늦게 낳아 너무 귀하니까, 엄마가 집에 있으니까, 아이가 혼자서는 제대로 못 하니까, 행동이 느리니까, 해줄 만한 시간 여유가 있으니까, 아이가 해달라고 하니까 아이의 요청에 선뜻 손을 내밀 이유는 무수합니다. 얼른 도와주고 상황을 수습하는 게 아이가 해결하도록 지켜보기보다 훨씬 쉽다는 걸 압니다. 하지만 쉬운 길이 최고의 길은 아니지 않을까요? 아이는 부모의 걱정과 생각보다 할 수 있는 것이 아주 많습니다.

본격, 일상 속 부모 습관 점검하기

아이의 생활을
규칙적이고
단순하게 만드세요

잘 먹고 잘 놀고 잘 자는 규칙적인 일상은 아이를 편안하고 안
정감 있게 만들고 신체의 컨디션을 높게 유지시킵니다. 충분히
잔 아이는 좋은 컨디션으로 거뜬하게 기상해 여유로운 아침 시간
을 보낼 거예요. 아침을 잘 챙겨 먹었기 때문에 뇌의 움직임이 활
발해 집중력이 높아질 수밖에 없고, 전날 미리 챙긴 숙제와 준비
물 덕분에 수업 시간에도 자신감이 넘칩니다. 넘치는 컨디션으로
예쁘게 말하고 잘 웃기 때문에 친구들과 부드럽게 잘 지낼 수 있
지요. 잠이 부족해 피곤하고 지친 아이들은 툭하면 싸우고 짜증을
내며 눈물을 흘립니다. '못해요, 잘 안 돼요, 도와주세요'라는 말을

달고 사는 지치고 비실대는 아이가 아니라 '해볼래요, 할 수 있을 것 같아요. 재미있어요'라는 긍정이 퐁퐁 넘치는 아이가 되도록 애써주세요. 알아서 척척 즐겁게 하고 있는 아이에게 잔소리를 퍼붓는 담임 선생님은 없을 거예요.

매일 칭찬을 들으며 신바람 나게 학교생활을 하는 비법, 어렵지 않죠? 이러한 선순환이 아이의 일상을 채울 수 있도록 규칙적이고 단순한 일정을 계획하게 해주세요. 아침밥을 걸러 허기지고, 늦은 밤 야식을 먹는다거나 게임을 하느라 충분히 자지 못하고, 외출에서 늦게 돌아와 숙제를 열어보지도 못한 채 늦잠을 자다가 급히 뛰어나간 우리 아이는 교실 속에서 어떤 모습일까요?

저녁이면 아이가 직접 보드판에 내일의 일정, 할 일을 직접 적어보게 해주세요. 하나씩 할 일을 정리해보며 생각해보고, 어떤 것부터 하면 좋을지 생각해볼 수 있는 충분한 시간의 여유를 주세요. 선생님 놀이를 하듯 부모에게 가족에게 설명하게 하세요. 물론 좋은 습관이라고 해서 모든 것을 한 번에 시작할 수는 없습니다. 주말이나 방학처럼 시간이 많고 다양한 일정이 가능할 때 하나씩 시작하면 됩니다. 이 습관을 학기 중으로 이어가며 방과 후 일정을 점검하고 귀가 후 공부를 계획하도록 해주세요. 직접 세운 계획으로 독립심을 길러보고 다 끝낸 일정을 지워가는 재미 속에서 자존감이 높아지고 매일의 작은 성공을 경험하게 됩니다.

본격, 일상 속 부모 습관 점검하기

이렇게 일상이 간단하고 반복적으로 이어지면 매일 계획대로 예상대로 진행되는 공부습관, 생활습관 덕분에 부모님의 잔소리도 덜 듣게 되니 공부시키는 엄마와의 갈등이 훨씬 줄어듭니다. 부모님의 눈치를 볼 필요가 없으니 집안에서 있는 시간이 편안하게 느껴집니다. 자녀와의 좋은 관계는 상호 존중 속에 지지와 감사, 배려와 사랑, 용기와 신뢰, 믿음 등의 긍정적 요소가 필요해요. 부모만의 노력으로는 한계가 있다는 의미이지요. 아이가 부모님과의 관계에서 스트레스와 불안, 불화, 힘겨루기를 겪으며 지치지 않도록 신경 써주세요.

아이를
신뢰하고 있음을
수시로 표현하세요

'아이는 믿는 만큼 자란다'라는 말이 있습니다. 당장은 아이가 미덥지 않고 잘하는 것이 없는 것처럼 보여도 계속 이런 모습일 거라 넘겨짚으면서 낙담하고 부정적으로 생각할 필요가 없습니다. 아직 일어나지 않은 일을 가지고 미리 걱정하기보다는 부족한 부분을 최소한의 개입만으로 보완할 만한 방법을 고민해주세요. 아이는 부모가 자기를 믿지 못한다는 것을 민감하게 알아차립니다. 아이에게 무한한 믿음을 주되, 말뿐만 아니라 진심으로 믿고 있다는 눈빛을 보여줘야 합니다. 그 신뢰감을 일상의 따뜻하고 긍정적인 말로 수시로 표현하여 부모의 진심을 알 수 있도록 애써야 합니다. 커가는 아이들은 가정에서 생기는 크고 작은 문제에 대해 알고 싶고 그것에 대해 부모와 함께 대화를 나누고 싶어 합니다. 대조적으로 부모는 아이가 지나치게 걱정할까 봐 혹은 공부에 방해가 될까 봐 해결 과정은 생략한 채 결론만 전달하는 경우가 많습니다. "너는 알 필요 없으니 신경 쓰지 말고 들어가서 공부나 해"라는 말을 들어본 적도, 해본 적도 있을 거예요. 아이 스스로 해내는 힘을 키워주기 위해 부모는 가정의 소소한 문제들을 아이의 수준에 맞게 전달하며 그것을 해결하기 위해 어떤 방법을 사용하고 어떤 노력을 기울이고 있는지의 과정을 최대한 공유해야 합니다. 아이는 생각보다 그렇게 어리지 않아요. 어른처럼 대접하면 성숙한 눈빛과 자세로 진지하게 임할 거예요. 한 번 시도해보세요.

"할머니께서 지금 매우 편찮으셔서 병원에 입원하셨는데 우리가 어떤 걸 도와드릴 수 있을까?"

"이번에 집을 사는 게 좋을까, 2년 더 전세로 지내는 게 좋을까?"

"우리 차가 자꾸 고장이 나서 새로운 차를 사야 할 것 같아. 추천하고 싶은 모델이 있니?"

부모가 문제를 해결하는 과정을 지켜보면서 성인의 문제 해결 방식을 배우고 그 과정에서 얻게 된 지혜를 자신의 문제에 적용하게 될 거예요. 유익하고 긍정적인 어른의 문화를 가정에서 생생하게 경험해보는 일이지요. 이렇게 자신의 의견을 존중받아본 경험이 있는 아이들은 교실 속 친구가 어려움을 겪으며 고민하는 모습을 보면 진지하게 함께 고민할 줄 압니다. 나의 의견이 누군가에게 도움이 되고 문제를 해결하는 데 힌트가 된다는 사실을 경험으로 알고 있거든요.

현실 속 우리 부모는 우리 스스로 세운 높은 기준에서 벗어나는 아이의 모습 때문에 머리 아파하며 스트레스를 받습니다. 기대에 미치지 못한다는 이유로 한심한 눈빛을 보내거나 '내가 너 때문에 늙는다'라며 아이를 원망해본 적 한 번쯤 있을 거예요. 아이의 문제행동을 따끔하고 바르게 훈육하는 것은 부모의 중요한 의무지만 그것을 바라보는 부모의 시선에는 변화가 필요합니다. 부모의 눈으로 바라볼 때 '문제'라고 판단되는 행동이 아이에게는 새로운 세상을 향한 탐색과 도전일 수도 있거든요. 커뮤니케이션 훈련 전문가인 남관희 코치는 "욕구는 존재 자체에서 나오는 것이며, 완전해지고 싶은 인간의 원초적 열망이기에 아이의 문제행동은 자신의 완전성을 찾아가는 도전"이라고 설명하고 있어요. 이미 많은 선진국에서는 아이의 문제행동을 '도전적 행동'이라고 부르고,

본격. 일상 속 부모 습관 점검하기

이때 부모는 그 행동을 바라보며 어떤 '도전'이 가능한지 생각하는 기회로 삼는다고 합니다. 아이의 '문제행동'을 '해볼 만한 도전'으로 전환해 바라본다는 것은 부모에게도 도전일 수 있습니다. 문제행동에 따른 여러 가지 위험과 부정적인 요소들을 고려하지 않을 수 없기 때문이지요. 그런데도 아이에게 자율성을 주고 다양한 경험의 기회와 함께 그에 따른 책임까지 줄 수 있다면 아이는 조금씩 더 독립적으로 생각하면서도 자기의 행동을 객관적으로 판단하는 힘을 갖게 된답니다.

아이의 성장 과정에서 크고 작은 실패는 당연하며 몇 번의 실패를 겪는다고 해서 아이의 인생이 망가지거나 대단히 늦는 것이 아니라는 걸 기억해주세요. 해보지 않은 일이 실패할지 성공할지는 누구도 알 수 없습니다. 다만 인생에서 마주하게 되는 새로운 과제를 피하느냐 아니면 도전해보느냐는 아이의 인생을 결정하는 주요 요인이 될 수 있습니다. 자녀의 실패에 실망감과 분노의 감정을 그대로 표출하는 부모의 표정을 보며 아이는 점차 시도하는 것 자체를 망설이게 됩니다. 새로운 시도를 피하고 이제껏 해왔던 대로 잘할 수 있는 것만 반복하며 부모의 칭찬을 받기 위해 애씁니다. 자녀의 실패 경험을 인정하고 새로운 시도의 기회로 삼는 허용적인 부모 밑에서 스스로 야무지게 해내는 아이로 자란다는 걸 잊지 마세요.

"넌 누굴 닮아 이 모양이니?"

　자존감을 떨어뜨리는 대표적인 말입니다. 신기하게도 아이는 자랄수록 우리의 모습을 판박이처럼 닮아갑니다. 아이가 나쁜 행동을 하거나 좋지 않은 언어를 사용한다면 분명 부모인 우리의 행동이나 언어에서 같은 흔적을 찾을 수 있습니다. 아이가 타고난 어떤 것도 아이의 선택이 아닙니다. 아이가 갖고 태어난 부정적인 면을 들출수록 화살은 아이의 부모인 우리에게 돌아올 수밖에 없습니다. 아이가 자신의 존재를 자랑스럽게 여기게 만드는 것은 우리의 몫입니다. 부정적인 말, 무시하는 말, 자신감을 꺾는 말, 비교하는 말로 아이를 쉽게 규정하지 마세요. 그 말을 들은 아이가 '내게 문제가 있구나, 고쳐야겠다'라고 기분 좋게 받아들이고 행동을 수정할 거라 기대하지 마세요. 낮아진 자존감으로 의욕 없는 모습, 부모를 똑같이 따라 하는 부정적인 말투를 보게 될 뿐입니다.

본격, 일상 속 부모 습관 점검하기

뒹굴거리고
마음껏 노는 시간을
충분히 확보해주세요

더 많은 장난감과 책으로 인위적인 환경을 만들기보다는 아이가 자기 마음대로 할 수 있도록 자유시간을 충분히 확보해주세요. 초등 아이에게는 편안한 집에서 뒹굴거리며 마음껏 누리는 자유시간이 꼭 필요합니다. 빌 게이츠는 1년에 두 번씩 '생각하는 주간'을 갖는다고 하더군요. 회사 운영 전략을 세우고 새로운 아이디어를 정리하는 시간을 위해 별장에서 지내며 아무것도 하지 않고 오로지 생각에만 몰두한다고 합니다. 아무것도 하지 않는 '빈둥거리는' 시간에 가장 창조적인 생각이 떠오른다는 사실을 알고 있기 때문일 거라 생각합니다. 아이의 창의력과 집중력 향상을 위해 창의력 학원과 집중력 학원을 보낼 것이 아니라 '마음껏 뒹굴거릴 시간'을 꼬박꼬박 챙겨주어야 합니다.

또 마음껏 노는 시간을 확보해주세요. 아이에게는 놀이가 단지 심심풀이 수단이 아니라 삶 자체입니다. 아이는 이런저런 놀이를 하며 세상이 어떤 곳인지 시험해보고, 자기만의 세상을 마음껏 상상해보기도 합니다. 아이에게 놀이는 배움입니다. 아이들의 활동에는 일과 놀이의 구분이 없으며, 아이들에게는 놀이가 곧 일이고 배움이고 학습이에요. 놀이를 통해 이전에 할 수 없었던 새로운 기능을 얻고, 사회의 습관과 규칙을 자연스럽게 익혀 학교생활에 적용할 수 있게 돼요. 스튜어트 브라운이라는 학자는 놀이의 반대말을 '우울'이라고 했습니다.

아이들이 열심히 놀아야만 하는 이유랍니다. 혹시라도 스마트폰 게임과 유튜브 영상 보는 일을 놀이라고 착각하지는 마세요. 아이 스스로 규칙을 만들고 새로운 규칙으로 바꾸어보고 놀잇감을 직접 만들며 성장하게 해주세요. 그림 잘 그리는 방법만 알려줄 게 아니라 망치는 방법도 알려주세요. 보여주고 칭찬받기 위해 그림을 완성하는 일에만 애를 쓰지 말고 완성된 그림 위에 미사일을 쏴보고 비도 그리고 태풍도 그려보게 해주세요. 함께 그림을 망치면서 창의적인 아이디어나 재치를 발휘하는 순간을 포착해 신경 써서 인정해주는 것이 포인트입니다.

본격, 일상 속 부모 습관 점검하기

"엄마가 너를 평가하는 게 아니야. 하고 싶은 대로 마음껏 편안하게 해."

이렇게 다가가면 부담 없이 무엇이든 자신 있게 도전해보고 싶어진답니다.

바로 대응하지 말고
천천히 속마음을
읽어주세요

혹시 지금 공부만 잘하는 헛똑똑이를 최선을 다해 키우고 있진 않나요? "아무것도 신경 쓰지 말고 공부만 열심히 해"라는 말로 정말 공부밖에 할 줄 모르는 아이로 키우고 있진 않은가요? 이렇게 성적만을 위해 오랜 시간을 보냈던 친구들은 중·고등학생이 되어 성적이 갑자기 나빠지거나 대학입시에 실패하고 나면 과도한 열등감과 패배감에서 쉽게 빠져나오지 못합니다. 심한 경우 자기의 존재 자체를 부정하고 모든 것을 거부하기도 하며 자해, 자살 등의 돌이킬 수 없는 선택을 하기도 합니다. 그렇게 열심히 공부해서 무사히 명문대에 합격한다고 하더라도 부모님의 개입 없

본격, 일상 속 부모 습관 점검하기

이는 어떤 결정도 내리지 못하는 성인으로 살아가게 될 거예요.

성적, 중요합니다. 하지만 가장 중요하지 않습니다. 인생에는 성적 말고도 중요한 게 많습니다. 훌륭한 성적이 행복한 인생을 보장하지 못한다는 것을 알면서도 어느새 다시 성적을 궁금해합니다. 학창시절의 성적을 통해 얻을 수 있는 것들은 인생 전체를 놓고 봤을 때 전혀 대단치 않습니다. 부모인 우리는 다양한 경험을 통해 이 사실을 잘 알고 있으면서도 마치 아무것도 모르는 사람처럼 공부만을 강조하며 똘똘한 아이를 멍청하게 기르고 있는 건 아닐까요? 교실 안에는 성적은 좋은 편이지만 예의도 모르고 친구 마음도 모르고 선생님 기분도 모르는 헛똑똑이들이 점점 많아지고 있답니다. 눈치 없이 자기 생각만 하는 이런 아이들은 친구들의 눈총을 살 수밖에 없지요. 친구들이 나를 왜 싫어하는지 모르는 안타까운 친구가 되었어요. 그러니 학습 점수를 잘 받아오는 것으로 학교생활을 잘하고 있다고 착각하지 마세요. 혹시 공부 잘하는 우리 아이가 성적만 좋은 외톨이, 눈치 없는 아이, 인기 없는 아이, 잘난 척하며 미움받는 아이가 아닌지 반드시 점검이 필요합니다.

"너 이거 왜 이렇게 했어? 이렇게 하면 안 된다고 했잖아."

부모가 하루에도 몇 번씩 아이에게 하는 말이에요. 익숙하죠? 한창 자라는 중이기 때문에 우리 아이는 말도 행동도 서툴러요. 실수도 많고 실패도 잦습니다. 당연한 거예요. 그래서 툭하면 즉각적인 잔소리를 부르지요. 하지만 이럴 때 아이의 부족한 말과 행동에 즉각 대응하면 그 말은 칼이 되어 후벼팔 뿐 아이를 성장하게 만들기는 어려워요. 실수하고 실패하고 당황해하는 아이의 속마음을 읽어주면 아이는 안정감을 느끼면서 천천히 마음의 문을 열 거예요.

"엄마가 갑자기 화를 내서 아까 속상했지?"
"수학 시험이 어려워서 힘들었겠다."
"하려던 대로, 노력한 대로 잘 안 돼서 슬펐지?"

라고 마음을 만져주세요. 부모는 자녀의 마음을 읽어주는 직업이라고 생각해보자고요. 아이의 떼쓰기, 친구를 때리는 행동에 화를 내기 전에 일단 그 행동의 마음을 읽어보세요.

"동생이 그걸 허락 없이 가져가서 화가 났구나. 그래서 손이 올라간 거야. 사실 미안한 마음도 있긴 했는데 너무 화가 많이 났던 거야. 그래서 그랬구나."

본격, 일상 속 부모 습관 점검하기

"들어보니 그럴 만하네. 이유가 있었구나."

부모가 마음을 읽어주는 것만으로도 슬픔이나 분노에 빠져있던 아이는 진정이 되고 위로를 받습니다. 칼날 서린 말로는 아이가 바뀌지 않아요. 실패 경험을 통해 아이가 성장하기를 기대한다면 날카로운 주사기를 들이대지 말고 부드럽게 마데카솔을 발라주고 밴드를 붙여주세요. 아이의 마음을 읽어준 후에는 변화가 필요한 부분을 아이 스스로 생각해보고 다짐하게 해주세요. 교실에서 담임을 힘들게 만드는 아이는 말썽꾸러기가 아니라 잘못한 행동을 끝까지 인정하지 않고 사과하지 않는 아이랍니다. 혼나는 게싫어 잘못된 행동을 인정하지 않고 거짓말로 둘러대거나 변명만하는 고집쟁이 아이가 되지 않도록 마음을 먼저 읽어주세요. 교실에서 어쩌다 할 수 있는 실수, 잘못, 약속을 어긴 일을 바로 인정하고 사과하고 용서를 구할 줄 아는 부드럽고 유연한 아이로 키워주세요.

일상의
아주 작은 모습도
칭찬해주세요

　칭찬을 많이 하라고 하는데 도대체 칭찬할 게 없어 고민이라고요? 밥을 먹는 아이에게 밥을 참 잘 먹어서 엄마가 행복하다고, 만화책만 보는 아이에게 책도 참 잘 읽는다고, 온종일 종이접기만 하고 있다면 멋지게 잘 접어서 놀랍다고, TV만 보는 아이에게는 TV 볼 때 집중력이 높다며 칭찬해주세요. 아이의 모습과 행동을 그대로 인정하고 긍정적인 메시지를 표현해주세요. 그렇게 당연한 걸 칭찬해야 하는가 싶을 거예요. 당연한 걸 칭찬하지 않으면 사실 칭찬할 일이 그리 많지 않아요. 단원평가에서 100점을 받거나 반장에 당선되거나 태권도 단증을 따오는 특별하고 대단한

081

본격, 일상 속 부모 습관 점검하기

일은 일 년에 몇 번 일어나지 않습니다. 하루 세끼 식사를 하듯 적어도 하루에 세 번은 긍정 샤워를 해주세요. 원래의 모습을 인정받은 이후에야 바꾸고 싶은 모습을 붙일 수 있음을 기억하면 됩니다. 아주 작은 칭찬에도 아이는 자신을 인정하며 성장의 에너지를 얻습니다.

구구절절한 간지러운 칭찬이 아직 좀 어색하다면 이런 방법을 써보세요. 아이가 잘한 행동이나 분야에 대해 '왕'이라는 한 글자를 더하는 거예요. '청소왕, 식사왕, 인사왕, 일기왕, 수학왕, 컴퓨터왕, 빨래왕'이라는 말 한마디에 뿌듯해하고 춤을 추는 것이 우리 아이들이랍니다. 또 하나 '역시'라는 말을 붙여서 칭찬해보세요. '일기를 잘 썼네'보다 더 기분 좋은 칭찬인 '역시, 일기를 잘 썼구나'라는 말로 아이에 대한 기대와 만족감을 동시에 표현해보세요. '오늘 찌개가 맛있네'라는 표현보다는 '역시, 오늘 찌개 최고네'라는 말이 엄마를 더 기분 좋게 하는 것처럼 말이에요.

칭찬은 한 번 입에 붙으면 잘 떨어지지 않습니다. 처음의 어색함과 귀찮음이 일상이 될 때까지, 다시 말해 입만 열면 칭찬을 쏟아낼 수 있을 때까지 계속 노력해주세요. 담임 선생님의 칭찬을 받으면 어색해서 어쩔 줄 몰라 하다가 "에이, 선생님 거짓말하지 마세요"라며 부정하는 아이들을 교실에서 종종 만납니다. 칭찬도 받아본 아이가 잘 받는다는 걸 잊지 마세요. 또 칭찬을 받아본 아이는 칭찬을 잘 할 수도 있답니다. 친구들에게 먼저 서슴없이 칭찬을 날리는 사랑스러운 아이로 키워주세요. 놀림, 비난, 무관심, 경쟁, 비교, 험담이 가득한 요즘 초등학교 교실에는 먼저 칭찬의 말을 시작해줄 친구가 너무나 절실하거든요. 아이는 가르친 대로 자라지 않고 본 대로 자란다는 것, 꼭 기억해주세요. 부모님이 먼저 칭찬을 시작해보세요.

본격, 일상 속 부모 습관 점검하기

08

직접적인 지시 대신 간접적으로 마음을 표현해주세요

　뉴욕의 시각장애인이 '나는 맹인입니다'라는 팻말을 걸고 있을 때는 아무도 눈길을 주지 않다가 '봄은 곧 오는데 나는 볼 수가 없습니다'라고 메시지를 바꾸자 많은 이들이 도와주기 시작했대요. 지나가는 사람들이 스스로 생각하고 자기 주도적으로 감정이 움직인 덕분이지요. 직접적인 화법으로 '-해'라고 명령하는 것은 긍정적인 내용이라고 하더라도 아이의 뇌에 반감을 불러일으킬 수밖에 없어요. 되도록 간접적으로 전달해야 아이의 행동이 자기 주도적으로 달라질 수 있어요. 동시에 부모의 잔소리에 대한 거부감이 줄어들고 긍정적인 변화를 가져올 수도 있고요. 직접적인 말은 수동적이라 일시적인 행동을 이끌고 아이 마음속에 반감이 들게 만들지만, 긍정직이며 간접석인 말은 지속적이고 자기 주도적인 행동으로 달라지게 하는 힘이 있습니다.

"지금 바로 씻고 학교로 출발해"가 아니고요. "오늘은 몇 분에 출발할 거야? 교실에 일찍 도착하면 친구들이랑 더 많이 놀 수 있어서 좋겠다"라고 돌려 말해주세요. 학교가 편안해지는 아이의 모습을 기대한다면 부모의 역할은 최소가 되어야 합니다. 은근하고 작은 불에 천천히 익혀야 할 음식이 부모가 적극적으로 개입하는 순간 센 불에 까맣게 타버리고 마는 거예요. 요즘 청소년기에 효도하는 아이는 '꿈이 있는 아이'라고 합니다. 아이가 운전대를 잡고 차 열쇠를 쥐고 있는지 수시로 확인하되 아이 행동의 변화를 간접적으로만 돕고 슬쩍 빠지세요. 부모의 욕심이 앞서면 아이는 무기력해지고요. 목표 없이 멍하니 끌려가는 삶을 살게 될 거예요.

아이에게 정답을 정해주는 것과 아이가 결정할 수 있도록 돕는 것 중 어느 쪽을 선택해야 할지 우리는 이미 잘 알고 있습니다. 아이를 우리와 같은 인격체로 대할 때 아이도 스스로에 대한 책임감을 배우고 경험할 수 있습니다. 부모는 살아온 인생만큼의 다양한 지식, 풍부한 경험을 바탕으로 아이에게 빠른 길, 쉬운 길, 정확한 길을 단번에 알려주고 싶은 유혹에 빠집니다. 이것은 수학 문제를 푸는 아이에게 고민할 기회를 주지 않고 정답을 불러주고 외우게

본격, 일상 속 부모 습관 점검하기

하는 것과 같은 일이라고 생각합니다. 그렇게 성장한 아이는 조금만 다른 문제를 만나도 부모에게 정답을 요구하겠지요. 틀린 것도 경험하게 해주어야 할 때가 있으며, 맞는 것도 한 번 더 생각할 기회가 필요합니다. 정답을 알려주면 당장은 신나서 열심히 받아 적겠지만 딱 그만큼이 아이의 한계가 됩니다. 부모가 알려준 답보다 더 좋은 답을 얻지는 못합니다.

말, 행동, 표정에서
긍정 메시지를
전달하세요

학부모 공개수업일이 되면 교실 뒤편의 부모님은 눈을 이리저리 돌리느라 분주합니다. 우리 아이 보러 갔으면서 잘하는 똑똑한 다른 아이들 보느라 수업이 어찌 진행되는지 언제 끝났는지도 모릅니다. 부러운 그 아이의 이름을 기억했다가 뒷조사를 하고 아이에게 물어보며 정보를 캐려 노력합니다. 태어나 신생아실에 누워 있던 시절부터 비교당하며 자라온 우리 아이들은 평생 이 비교의 지옥에 갇혀 살게 될지도 몰라요. 지금 당장 부모의 습관을 버리지 않는다면 말이에요.

본격, 일상 속 부모 습관 점검하기

'왜 내 아이는 책에 나와 있는 대로 하지 않지?'
'옆집 아이는 벌써 이걸 한다는데 왜 우리 아이는 아직일까?'
'아이에게 무슨 문제가 있는 건 아닐까?'
'내가 뭘 제대로 해주지 않아서 그런가?'

부모는 아이의 시험 점수만큼이나 경쟁 상대로 여기는 친구들의 점수를 궁금해하고 알아내기 위해 애를 씁니다. 우리 아이가 어떤 문제를 왜 틀렸는지는 궁금해하지 않아요. 백 점인지 아닌지만 궁금해합니다. 아이 친구를 우리 아이의 기준으로 삼지 마세요. 내 아이가 기준입니다. 내 아이가 무엇을 좋아하고 싫어하는지, 뭘 잘하고 못하는지, 어떤 것을 할 때 즐거워하거나 힘들어하는지 궁금해하고 알기 위해 노력해야 합니다. 아이 친구의 성적말고 영어 레벨 말고 내 아이의 마음, 재능, 흥미, 관심사, 계획, 스트레스 정도를 궁금해해야 합니다. 우리는 내 아이에 대해 얼마나 알고 있는 부모일까요?

아이는 행동에 대한 피드백을 부모의 말끝에서 감정으로 받아들이며 성장합니다. 무심코 던진 부모의 눈빛과 말투 속에서 전달되는 무언의 메시지가 아이의 자존감, 자신감에 결정적인 영향을 미치게 되는 거죠. 일상 속의 긍정 메시지를 아이에게 주는 따뜻한 햇볕이라고 생각해보세요. 따뜻한 햇볕을 맞으며 활짝 웃는

아이의 모습을 상상해보세요. 내가 오늘도 아이에게 봄 햇살 같은 말을 했었는지 돌아보세요. 있는 그대로의 모습을 인정하는 애정 가득한 메시지를 끊임없이 전하는 것은 아이가 자신을 사랑하게 만드는 시작입니다. 하루 10분만 거실 구석에 스마트폰을 두고 아이와 보내는 일상을 찍어보세요. 모르고 있었던 나의 말 습관과 행동에 놀라게 될 거예요. 단언컨대 지름길은 없습니다. 부모의 시선, 말끝, 손끝에서 긍정 가득한 메시지를 일정량 이상 충분히 받는 것이 유일한 방법이에요. 결코 하루아침에 되진 않겠지만 대한민국 모든 부모가 할 수 있는 가장 쉬운 방법이기도 합니다.

아이를 위해 부모는 의도적으로 겸손하고 긍정적이고 작은 사람이 되어야 합니다. "올해 네가 만난 선생님이 얼마나 대단하신지, 너를 얼마나 사랑하는지 몰라"라는 부모의 겸손하고 긍정적인 언어 덕분에 아이는 존경의 눈빛으로 수업에 집중하며 만족스러운 학교생활을 해나갈 수 있습니다.

때로 아이가 저지른 실수는 그냥 넘어가세요. 스스로 해보려다가 어쩔 수 없이 하게 된 실수 때문에 부모도 아이도 쉽게 마음을 다칩니다. 그런 사소한 일로 속상해하기엔 우리의 인생이 너무 짧지 않나요? 아이 자신의 노력을 통해 뭔가 이룬다는 것은 바꿀 수 없는 소중한 경험이기 때문에 그 과정에서 겪는 실수는 그다지 중요하지 않습니다. "그럼 그렇지, 너 그럴 줄 알았다. 너는 어쩜 제

본격, 일상 속 부모 습관 점검하기

대로 하는 게 하나도 없냐?"라며 실수 때문에 당황한 아이를 슬프게 하지 마세요. "실수해도 괜찮아"라고 말할 수 있는 여유로운 마음으로, 결과보다는 과정과 노력이 더 중요하다는 것을 끊임없이 새겨주세요.

부모 자신의 에너지를
파악하고 유지하기 위해
노력하세요

손끝 하나 까딱할 힘도 없이 소파에 널브러져 있는데 아이가 같이 종이접기를 하자고 졸라댑니다. 마주 앉아 종이도 접고 이야기도 나누고 싶은 마음은 굴뚝 같지만 현실은 스마트폰을 내밀며 "30분만 해"입니다. 체력이 다하면 나도 모르게 아이에게 독을 내뿜기 쉽습니다. 이미 뱉어버린 가시 같은 말은 아이의 마음에 남아 오랜 시간 동안 괴롭히지요. 우리가 어린 시절 부모, 친척으로부터 받았던 말의 상처를 잊지 못하고 살아가는 것을 생각해보면 이해가 될 거예요. 그런 마음이 아니었는데 상처 주는 말을 해버리고 후회해본 적이 있다면 그때 나의 에너지가 바닥났던 건 아닌

본격, 일상 속 부모 습관 점검하기

지 점검해보세요.

몸과 마음의 배터리가 30% 이하이면 마음과 다르게 말과 행동에 짜증이 섞여 나옵니다. 직장에 다니는 엄마라면 귀가 전 잠시 숨을 돌리고 3분 정도 눈을 감고 아이와 만날 장면을 떠올려보는 시간을 갖는 방법을 권합니다. 허겁지겁 달려 들어와 잔소리를 퍼붓는 엄마보다는 매일의 짧은 충전 후에 생글 웃으며 퇴근하는 엄마가 되세요. 아빠도 마찬가지입니다. 회사에서 겪었던 스트레스를 정리할 수 있는 약간의 휴식을 가진 후 아이와 놀고 이야기를 나누세요. 퇴근길에 마음이 풀리는 음악을 한두 곡 듣거나 전철과 버스에서 눈을 감고 휴식을 취하며 에너지를 올리세요. 피곤한 퇴근길을 스마트폰에 매여 더 피곤하게 만들지 마세요. 집에 있는 엄마들도 자신을 따뜻하게 돌봐주세요. 좋아하는 음식으로 점심도 잘 챙겨 먹고, 쌓인 집안일을 뒤로하고 운동하러 가도 괜찮아요. 그게 좋은 엄마가 되는 가장 쉬운 방법이랍니다.

그래야 아이를 따뜻하게 돌볼 수 있습니다. 아이들 공부할 때 옆에 붙어 앉아 일일이 챙겨주지 않아도 괜찮아요. 어차피 공부는 혼자 하는 겁니다. 어느 정도 혼자 할 정도의 분량을 알려주었다면 잠시 쉬세요. 그래도 괜찮습니다. 10분씩, 20분씩 혼자 해본 경험이 있는 아이들은 교실에서 자유시간이 생기면 그 시간을 재미있고 알뜰하게 보내는 법을 알아 시간을 알차게 활용한답니다.

혼자 시간을 보내본 적이 없는 아이들은 시간이 주어져도 뭘 해야 할지 몰라 멀뚱하다가 친구들과 떠들고는 결국 혼나고 맙니다. 자꾸 혼나는 학교, 가고 싶을까요?

툭하면 연체되는 관리비, 도서관에 반납해야 할 책들, 미루고 미루다 내버려둔 베란다 정리까지 습관적으로 미룬 일 때문에 스트레스받는 모습을 아이는 모두 보고 있습니다. 하기로 한 일을 미루면 해결되지 못한 그 일 때문에 걱정이 생기고 스트레스 지수는 자연히 높아집니다. 심적으로 여유가 없으니 주변 사람, 특히 가족과 아이에게 그로 인한 스트레스가 고스란히 전달되어 가정 전체에 건강하지 않은 에너지가 흐릅니다. 미루었던 일이 해결되고 나면 언제 그랬냐는 듯 기분이 좋아져 들뜬 모습 또한 아이를 혼란스럽게 할 수 있습니다. 감정적으로 기복이 크고 자주 일관성을 잃는 부모의 모습을 보며 아이는 혼란스럽고 어떻게 해야 할지 몰라 눈치를 봅니다. 부모가 감정을 주체하기 어렵다고 느껴지면 의도적으로 가족, 아이와 잠시 거리를 두고 감정을 다스린 이후에 다시 만나기를 추천합니다. 심하게 화가 난 상태라면 대화를 이어가는 것보다 차라리 아이에게 텔레비전을 틀어주고 혼자 방에 들어가 화가 가라앉기를 기다리는 것이 훨씬 낫습니다.

해야 할 일을 미루는 아이의 모습 때문에 화난 적 있을 거예요. 혹시 습관적으로 일을 미루었다가 몰아쳐서 해결하는 부모의 모

본격, 일상 속 부모 습관 점검하기

습을 그대로 따라 하는 건 아닐까요?

학교에 제출할 가정통신문을 이삼일 가지고 있지 말고 보는 즉시 작성하는 습관을 기르세요. 며칠 동안 고민하여 결정할 만큼 무겁고 복잡한 주제라면 가정통신문으로 보내지 않습니다. 초등 담임들이 가장 고마워하는 엄마는 가정통신문을 보낸 다음 날 바로 회신문을 보내주는 엄마랍니다. 며칠이 지나도록 제출하지 않아 끝내 전화를 드리면 까맣게 잊고 있었다며 미안해하지요. 교실에서는 굉장히 사소한 일로 자신감을 얻거나 혹은 잃게 되는데요. 엄마가 안 보내줘서 못 들고 온 가정통신문 때문에 아이가 선생님의 눈치를 살피게 되는 일도 종종 일어납니다. 언제나 바로바로 일을 마무리하는 부모의 모습을 보여주세요. 그대로 따라 할 거예요.

유대인

　전 세계 인구 중 0.2%에 불과한 유대인들은 정치 · 경제 · 문화 등 다양한 분야에서 두각을 나타내고 있습니다. 실제로 미국을 비롯한 세계 각국의 유명 인사 중 유대인이 차지하는 비율은 매우 높습니다. 우리는 이를 세계의 각 분야를 이끄는 '유대인 파워'라고 이야기하며, 그 이유를 유대인 특유의 교육법에서 찾고 있습니다. 그래서 우리에게는 유대인의 교육법이 노벨상을 받을 정도의 성과를 내는 똑똑한 사람으로 만드는 어떤 비법 같은 것으로 인식되고 있습니다. 하지만 유대인들은 유명 대학에 입학하거나 노벨상 수상을 학습의 목표로 삼고 있지 않습니다. 유대인의 전통을 지키며 성장하는 과정에서 그런 성과들이 자연스럽게 따라온 것일 뿐이지요.

"나는 어떤 목표를 가지고 살아갈 것인가?"

유대인 교사가 초등학교에 입학한 아이들에게 하는 여러 질문 중 하나입니다. 이미 가정에서 충분한 교육을 받고 입학한 아이들은 이 질문에 이렇게 대답합니다. '티쿤 올람(Fix the World), 세상을 더욱더 좋은 곳으로 만들기 위해서 살아간다'라는 뜻입니다. 유대인의 교육법을 우리 아이에게 모두 적용하는 것은 불가능하지만 우리 아이도 '티쿤 올람'처럼 긍정적이고 가치 있는 목표를 가지고 자신의 인생을 스스로 계획하여 실행할 수 있다면 본받을 충분한 이유가 될 것입니다. 유대인 교육법의 비밀을 소개합니다.

▶ 핵심은 가정 교육

눈여겨봐야 할 부분은 유대인의 가정 교육입니다. 핵심은 가정 교육에 있습니다. 한국의 부모, 유대인 부모는 유별난 교육열을 갖고 있다는 점에서 공통점이 있지만 그 관점에 큰 차이가 있습니다. 유대인 부모는 자녀의 개성을 발견하고 그 개성을 키워주는 역할을 중요하게 생각하고 자녀교육에 공을 들이지만 결국 자녀의 인생은 자녀 스스로 개척하게 해야 한다는 생각이 강합니다. 교육 기관과 교육자의 중요성을 인정하지만 가정 교육이 선행되어야 모든 교육이 효과를 볼 수 있다고 믿습니다. 그런 이유로 가정에서 기본을 익히는 것과 가족에 대한 소중함을 강조하는 가정 분위기가 형성되어 있습니다.

⚑ 자신의 힘으로 서는 것

《유대인 엄마의 힘》의 저자 사라 이마스는 이를 역경지수로 표현합니다. 유대인들이 고난과 역경 속에서도 낙관적인 태도를 유지하며 포기하지 않는 자세를 '역경지수(Adversity Quotient)'라고 하며 어릴 때부터 이를 키워주기 위해 노력한다고 합니다. 칭찬으로 자신감을 키워주는 것과 더불어 실패를 통해 좌절감을 맛보고 스스로의 힘으로 극복하려는 노력을 함께 겪도록 하는 것이죠. 한국 아이들은 실패의 경험이 적습니다. 부모는 아이가 실패할 수 있는 상황을 만들지 않기 위해 애를 씁니다. 무조건적인 보호 아래 꽃길만 걷도록 하는 한국의 부모들이 눈여겨봐야 할 부분입니다. 또 유대인들은 이런 정서적인 자립 외에 경제적인 면에서의 자립도 중요하게 생각합니다. 탈무드에는 '가난한 것은 집안에 50가지 재앙이 있는 것보다 더 나쁘다'라는 말이 있습니다. 자녀들에게 경제적인 자립을 중요하게 생각하며 어릴 때부터 돈 버는 법과 돈 쓰는 법을 모두 가르치는 것으로 유명합니다.

본격, 일상 속 부모 습관 점검하기

⚑ 공기처럼 자연스러운 질문과 토론

한국에 '하브루타'라는 이름으로 선풍적인 인기를 끌고 있는 유대인식 토론 교육 방법이 이것입니다. 하지만 이를 무리하게 도입하는 과정에서 하브루타라는 이름의 또 다른 학습을 강요하고 있는 것은 아닌가 생각해볼 필요가 있습니다.

실제로 유대인의 하브루타는 학교에서의 교과 교육에서 시작되거나, 학교에서 체계적인 커리큘럼 아래 이루어지는 것이 아니라 가정에서 시작해 학교 교육으로 이어지고 있어요. 부모는 아이에게 다양한 내용의 질문을 하고, 아이는 그에 대해 대답하고, 또다시 부모에게 질문하는 상황이 반복적으로 이루어집니다. 학습을 강요받지 않고 질문을 통해 호기심을 자극받고, 질문에 대한 궁금증을 해소하기 위해 스스로 책을 찾아 읽고 글로 정리합니다. 알고 있는 내용과 생각하는 내용은 또 다른 사람들과의 토론을 통해 정리됩니다. 이런 토론은 유대인들 사이에서는 공기처럼 자연스럽다고 해요. 이런 과정이 가정과 학교에서 끊임없이 이루어지면서 유대인 아이들은 자신의 경험과 지식을 상황에 맞게 적절히 해석하고 적용할 수 있는 힘을 키워가고 있습니다.

▶ 생활 속 나눔, 기부 교육

유대인 가정에는 '체다카'라고 부르는 저금통이 있고, 아이들은 매일 그곳에 동전을 넣습니다. 이렇게 모은 돈은 오직 기부를 위해 사용됩니다. 가정에서부터 기부 활동이 몸에 배도록 하는 거죠. 돈의 긍정적인 가치를 인식하고, 돈을 올바르게 사용할 수 있는 교육을 가정에서 시작하는 것입니다. 이렇게 성장한 아이는 성인이 되어 돈을 비롯한 물질적인 것뿐만 아니라 정보와 재능 등 자신이 가진 것들을 사회에 환원하는 것을 자연스럽게 여깁니다. 함께 공동체 발전에 이바지할 수 있는 여러 가지 방법을 스스로 찾게 하는 것입니다.

본격, 일상 속 부모 습관 점검하기

제 **3** 부

실전,
학교가 좋아지는
아이 습관 만들기

나는 얼마나 혼자 하고 있나요?

아이용

스스로 해낼 수 있는 일이 많아질수록 아이에게 학교는 편안해집니다. 우리 아이가 얼마나 혼자 하고 있는지, 더 할 수 있는 일은 없을지, 지금은 못 하지만 앞으로 분명히 할 수 있을 습관에는 뭐가 더 있을지 함께 고민해주세요. 점검 결과로 아이에게 실망하거나 아이를 혼낼 필요는 없습니다. 알게 되었다면 부족한 부분부터 하나씩 힘차게 시작하면 되니까요.

항목	질문	O
가정	부모님, 어른과 함께 다닐 때 내 책가방, 짐을 직접 들고 다닌다.	
	내 방을 스스로 정리하고 학교 준비물과 과제를 챙긴다.	
	집안일 중에서 내가 맡은 일을 꾸준히 한다.	
	식사 시간이 되면 수저 놓기 등의 간단한 준비를 돕는다.	
	스마트폰을 사용할 때 계획한 시간과 횟수를 지킨다.	
	내가 사용한 그릇, 컵은 스스로 정리한다.	
	등교, 하교할 때 부모님께 예의 바르게 스스로 인사한다.	
학교	교실에서 책상 서랍, 사물함을 깔끔하게 정리해놓고 지낸다.	
	교실 청소 시간에 적극적으로 참여하여 교실을 깨끗하게 한다.	
	친구가 도움을 청할 때 즐겁게 적극적으로 도와준다.	
	학교 안에서 만나는 모든 어른들께 공손하게 인사한다.	
	가위, 풀, 색연필, 사인펜, 테이프 등의 물건에 이름을 써놓았다.	
	급식을 먹고 나면 식판, 수저를 정해진 곳에 정리한다.	
	방과 후에는 정해진 일정과 시간을 확인하여 스스로 이동한다.	
시간	등교 시간, 하교 시간, 학원 시간을 계획대로 지킨다.	
	알람을 맞춰놓고 그 소리를 듣고 기상해본 적이 있다.	
경제	용돈을 받으면 계획한 대로 자율적으로 사용한다.	
	문구점, 마트에 가면 사기로 계획했던 것만 구입하고 돌아온다.	
여행	낯선 곳에서 화장실의 위치를 모를 때 직접 물어봐서 알아낸다.	
	비행기 안에서 물을 마시고 싶을 때 직접 요청하여 받아 마신다.	
스마트폰	스마트폰 사용 규칙을 지키고 계획적으로 사용한다.	
	꼭 필요한 상황이 아니라면 스마트폰을 들고 있거나 만지지 않는다.	

습관의 출발,
따뜻한
가족 문화 만들기

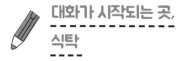

대화가 시작되는 곳,
식탁

사실 늦은 저녁, 하루가 피곤했던 부모는 식사를 끝내고 쉬고
싶은 마음이 간절합니다. 아이가 흥미롭게 여길 만한 주제를 생각
해내어 질문을 건네고 아이의 대답을 경청하면서 이에 적절한 반
응을 하는 일이 쉽지 않지요. 하지만 매일 반복되는 작은 습관과
노력은 생각보다 훨씬 위대한 결과를 가져온다는 점, 기억해주세
요. 30분 남짓한 식사 시간이지만 이 시간을 놓치지 않고 꾸준히

대화하는 우리 가족만의 식탁 문화는 자기의 별거 아닌 얘기도 경청해주는 부모님에 대한, 타인에 대한 신뢰를 쌓게 합니다. 또 질문에 답하거나 일상을 나누는 부모님의 말씀을 들으면서 자연스레 성인의 어휘에 노출되고 아이의 언어발달을 자극하게 되지요. 고가의 사교육으로도 확신할 수 없는 것을 가족이 함께하는 식사만으로 얻을 수 있다면 이보다 효율적인 교육이 어디 있을까요?

아무리 사소한 일이라도 가족이 함께하며, 잘하지 못하더라도 서로를 격려하고 칭찬해주는 문화 속에서 자란 아이들은 교실 안에서 두드러진 모습을 보일 수밖에 없어요. 친구들의 말을 귀담아듣고, 자기의 의견을 정확하게 전달하는 건 학교라는 단체생활에서 핵심이 되는 덕목이기 때문입니다. 교실 속 선생님의 말씀을 집중하여 잘 듣고, 선생님의 질문에 적절한 반응을 할 수 있는 아이로 키우는 방법도 같습니다. 끝까지 들을 수 있는 인내심과 또박또박 말할 수 있는 자신감이 있다면 학교생활을 걱정하지 않아도 괜찮습니다.

그런데 현실적으로 평일 저녁에 온 가족이 여유롭게 식사하는 일이 쉽지는 않습니다. 아빠의 퇴근은 늦고, 아이의 학원 수업도 점점 늘어납니다. 저는 저녁 밥상을 세 번 차린 날도 있었어요. 어쩔 수 없는 일정으로 매일 시도하기 어렵다면 일주일에 두세 번, 그것도 힘들다면 주말에 한 번이라도 기회를 만들어보세요. 식사 중에는 텔레비전을 꺼두고, 스마트폰을 식탁에 가져오지 않기로 약속해보세요. 부모가 먼저 모범이 되면 완전 최고지요. 준비되었다면 서로의 일상, 관심사를 공유하고 가벼운 고민을 나눌 수 있는 열린 대화를 시도해보세요.

"오늘 집 앞에 있는 큰 도로에서 공사를 시작한 것 같더라."

"아까 수민이 엄마가 귤을 나눠주셨는데 엄마가 하나 먹어보니까 엄청나게 달더라."

"내일 눈이 많이 올 것 같다고 하던데, 아빠 출근길이 많이 막히겠지?"

등등 시시콜콜한 일상을 소재로 대화를 열어보세요. "오늘 학교 어땠어?"라는 추상적이고 반복되는 질문은 지겹습니다. 시큰둥한 반응이 나올 수밖에 없는 뻔한 질문 말고 아이의 입과 마음을 열수 있는 가벼운 대화 소재를 끊임없이 떠올려보세요. 대화를 나누다가 혹시 잔소리할 일이 있더라도 식탁 위에서의 부정적인 반응은 되도록 피하는 게 좋아요. 말만 하면 혼날 게 뻔하다면 결코 입을 열지 않을 거예요. 적어도 식사 시간만큼은 어떤 소재든 부담 없이 꺼낼 수 있는 허용적인 분위기를 만들어주세요.

　그림책 작가 앤서니 브라운의《돼지책》속 일상을 잠시 살펴볼까요? 회사에 다니는 아빠 피곳 씨와 두 아들 사이먼과 패트릭은 어떤 집안일도 하지 않아요. 집안일은 오로지 엄마의 몫입니다. 도와주는 가족 없이 힘들어하던 엄마는 결국 '너희들은 돼지야'라는 메모를 남기고 집을 나가버리는 선택을 합니다. 엄마의 메모에서 암시했듯 남겨진 피곳 씨와 두 아들은 며칠이 지나지 않아 집안을 돼지우리로 만들어버렸어요. 결국 이제껏 엄마를 돕지 않았던 일을 크게 후회하며 이후로 집안일을 함께 하며 가족 모두가 행복하게 되었다는 내용입니다. 아직 이 책을 접해보지 않았다면 아이와 엄마 모두에게 추천하고 싶습니다. 우리 가족의 일상도 책 속의 모습과 크게 다르지 않다면 책을 읽으며 이야기를 나눠보세요.

　종일 기다리고 있었을 아이를 걱정하며 하던 일도 마무리하지 못한 채 허겁지겁 퇴근한 엄마는 집에 들어서자마자 주방으로 직행하여 서둘러 식사를 준비하지요. 식사 준비가 다 되어갈 즈음 아이의 이름을 부르지만 방에서 뭘 하는 건지 대답이 없습니다. 오늘도 퇴근이 늦는 아빠 몫까지 대신해야 하는 엄마는 결국 방에 있는 아이를 혼내듯 끌고 나와 식사를 시작하는데 아이는 스마트폰에 빠져있습니다. 뭔가 잘못되어 있다는 걸 알지만 그런 아이를 마주 앉혀 혼낼 힘도 여유도 없습니다. 식사는 순식간에 끝나고 아이는 잘 먹었다는 인사도 없이 당연한 듯 방으로 들어가버립니다. 어린이집 다닐 때는 꼬박꼬박 인사도 잘하고 자기가 먹은 밥그릇과 수저는 스스로 치우려고 애쓰던 그 아이는 어디로 갔을까요? 수북하게 쌓인 설거지, 아이가 마구 벗어놓은 옷가지와 거실 어디쯤 던져 놓은 책가방, 실내화 가방, 그 안에 들어 있을 가정통신문과 알림장, 곳곳에 흩어져 있는 장난감과 읽다 만 책들까지 간신히 허기를 달랜 엄마는 집안을 둘러보며 한숨이 나오지만 이렇게 한숨 쉴 여유도 없다는 생각에 부서질 것 같은 몸을 일으킵니다.

달라졌다고는 하지만 여전히 많은 부모가 자녀에게 집안일에 대한 부담을 주지 않고 있습니다. 학교가 끝나도 학원 다니느라 바쁜 아이에게 집안일까지 시키고 싶지 않은 부모 마음도 이해는 되지요. 하지만 집안일을 가족 전체가 함께한다는 것이 단순히 효율적인 일 처리만을 뜻하는 것이 아니라는 것을 생각했으면 좋겠어요. 이것은 단순히 집안일에 지친 엄마의 일방적인 일거리 배분이 아니에요. 대화, 가족회의를 통해 집안일에 관한 적절한 역할을 결정하고 부모의 일이었던 것들을 아이들이 직접 성취해내는 과정으로 해석해주세요. 이를 통해 가족 구성원으로서의 책임감

108

을 기를 수 있고, 자연스럽게 바람직한 가정문화를 세워가는 과정입니다.

이렇게 길러진 생활습관은 그대로 교실 속 모습에 드러날 수밖에 없어요. 평소 자기 방의 정리정돈을 엄마에게만 의존했던 아이는 학교 청소 시간에 무엇을 어떻게 해야 할지 몰라 가만히 있다가 선생님의 꾸중을 듣는 건 교실 생활의 흔한 모습이랍니다. 아이들이 일을 제대로 하지 못할 것 같아, 오히려 일거리를 만들까봐 걱정스러운 마음에 시키지 않는 경우도 많아요. 오죽하면 '가만히 있는 게 도와주는 것'이라는 말까지 생겼을까요. 설거지를 해보겠다고 나섰다가 유리컵을 깨고, 청소한다면서 머리카락을 여기저기 붙여놓기 일쑤이며, 요리를 돕는다며 좁은 주방을 더 정신없게 만듭니다. 이런 아이의 모습을 보고 있으면 답답하고 잔소리가 나오지만 한 번 더 참고 1분만 더 기다려주세요. 책임감을 기르고 성취감을 얻을 최고의 기회는 다음 주 수요일 오후 5시 38분에 작정하고 오지 않습니다. 일상 속 부모의 인내심이 요구되는 집안일 시키기를 오늘부터 하나씩 계획했으면 합니다.

사실, 조금만 눈을 돌려보면 아이의 연령대에 맞게 할 수 있는 일이 생각보다 많습니다. 처음 경험하는 아이에게는 집안일 중 어떤 일을 하고 싶은지 묻고 선택권을 주는 것도 좋아요. 맡은 집안일에 대해서는 책임지게 하되 결과가 서툴러도 꾸준한 칭찬과 격

109

려를 쌓아가면 됩니다. 이렇게 점점 더 성취감을 느낀 아이는 다 같이 청소하기로 약속한 시간이 되면 "오늘은 제가 무슨 일을 할 까요?"라고 눈을 반짝이며 물어볼 거예요. 자기 책상 서랍과 사물 함을 깔끔하게 정리하고, 청소 시간에는 궂은일에 선뜻 나서며 야 무지게 존재감을 드러내는 아이라면 틀림없이 담임 선생님의 진 심 어린 칭찬을 듬뿍 받게 될 거예요.

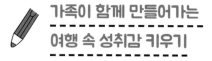

가족이 함께 만들어가는
여행 속 성취감 키우기

얼마 전 예능 프로그램 〈라디오스타〉에 출연한 개그맨 정형돈 씨가 부모라면 누구나 공감할 만한 이야기를 들려주어 흥미롭게 잘 봤던 기억이 납니다.

"이제 여덟 살이 된 아이들에게 좋은 경험을 시켜주고 싶어 큰 맘 먹고 여행을 떠났어요. 그런데 아이들 모습을 보니 너무 허무 하더라고요. 에펠탑 앞에 가서 한다는 말이 핑크퐁 또 보여 달라 고 하고." 현실 아빠의 서운하고 쓸쓸한 표정, 상상이 가죠?

여행은 두뇌발달을 위한 종합선물세트로
집이 아닌 생소한 환경에서 새로운 판단과 의사결정을 끊임없이 요구하기에
항상 새로운 행동을 해야 할 필요성이 생기고
이에 맞춰 행동하다 보면 복합적인 지능이 발달하게 된다.
– 이수영, 카이스트 인공지능연구소장

아이들과 함께 부지런히 다녀야 하는 이유입니다. 여기저기 부지런히 다니는 요즘 엄마들, 칭찬하고 싶어요. 여행은 단순한 경험, 휴식, 여가의 의미를 넘어서는 두뇌발달을 위한 종합선물세트로 복합적인 지능을 발달하게 만든대요. 그냥 지능 말고 복합적인 지능이라는데, 지금 당장 여행 한 차례 계획해보길 추천합니다. 해외여행 떠날 돈도 시간도 없다고 포기하지 마세요. 고가의 장기 여행을 다녀와 체험학습 보고서를 제출하면서 "별로 재미없었어요"라고 피곤한 표정을 짓는 아이들도 많거든요. 돈과 시간은 있는 만큼만 사용하면 됩니다. 대신 여행의 디테일에 집중하세요. 어느 나라의 어느 리조트로 가는지가 중요한 게 아니고요. 여행 시간 동안 아이가 혼자 힘으로 어떤 경험과 성취를 얻고 왔는지가 중요합니다. 시간 내고 돈 들여 야심 차게 떠난 여행이 막상 아이에게는 "덥기만 하고 음식도 맛없고 힘들었다"라는 후기로 끝난다면 이보다 쓸쓸한 일이 또 있을까요. 이왕 떠나는 여행, 아이의 복합적인 지능을 발달시키는 기회로 만들기 위한 팁을 알려드릴게요.

111

많은 가족의 여행이 생각만큼 교육적으로 효과적이거나 정서적으로 만족스럽지 못한 이유는 우리 가족이 여행을 가서 '무엇을 할까'보다는 '어디로 갈까'에 초점을 두기 때문입니다. 보통은 날씨는 환상적이고 쇼핑도 실컷 할 수 있으며 저렴하고 맛있는 식당이 즐비하다는 옆집 가족이 다녀온 바로 그곳이 우리 가족의 다음 여행지가 되지요. 여행을 계획하면서 부모가 아이에게 어디에 가서 무엇을 하고 싶은지를 묻는 경우는 드뭅니다. 아이들은 부모가 미리 정한 스케줄에 따라 수동적으로 움직이는 게 보통인데, 어려서는 당연하게 여겼겠지만 자기 판단력이 생기는 나이가 되면 정해진 일정에 따라 구경 다니고 맛집에 들러 사진을 찍고 때로 억지로 영어 공부도 해야 하는 일에 더는 흥미를 보이지 않을 거예요. 아이들은 딱히 뭘 '보고 싶은 게' 아니고요. 뭐든 '해보고' 싶어 합니다.

그것을 위해 여행 계획 단계부터 아이를 적극적으로 참여시켜주세요. 누구나 들르는 유명한 박물관, 빠질 수 없는 맛집을 강요하기보다는 여행 전체 일정에 아이들의 의견이 반영되게 해주세요. 같이 검색해보고 여행 일정에 의견을 더하는 것만으로도 여행에 대한 아이의 기대감을 훨씬 더 높일 수 있어요. 물론 아이의 의견을 모두 반영하는 것은 현실적으로 불가능하다는 점과 계획이 현지 사정으로 변경될 수 있음도 충분히 알려주세요. 모든 것이 계획대로 내 뜻대로 될 수 없음을 경험하는 것도 함께 여행을 계획하는 큰 이유 중 하나입니다.

　여행에서 부모의 역할은 여행지에 대한 지리적 정보, 배경지식을 준비하여 아이가 궁금증을 갖고 질문할 때 자연스럽게 전달하는 것이 전부라고 생각해주세요. 여행이 시작되면 뭔가를 결정하는 일을 최대한 아이에게 맡기고 부모의 역할을 최소화해보세요. 배를 타기로 했다면 큰 유람선을 탈지 작은 보트를 탈지 결정권을 주고 이동할 때 전철, 버스, 택시, 도보가 모두 가능하다면 걸리는 시간과 비용을 제시한 후 아이에게 선택권을 주세요. 단체 패키지 여행 일정 사이에도 자유시간이 있고 현지 투어를 선택할 기회가 있습니다. 여행 전체는 부모가 주도적으로 끌고 가겠지만 선택의 여지와 시간적 여유가 주어지는 순간에는 아이에게 최대한의 선택권을 주세요. 아이가 자기의 선택으로 여행이 만들어지는 모습을 볼 수 있게 해주세요.

　아이를 동반한 가족이 해외 여행지로 선택하는 곳은 안전하고 한국어에 능통한 스텝이 있으며 이미 한국인 여행객이 자주 찾아왔던 곳인 경우가 많습니다. 따라서 영어나 현지어에 서툴러도 몸짓, 한국어, 짧은 영어 등을 동원해 충분히 도움을 요청하고 질문할 수 있습니다. 식사 중에 포크를 떨어뜨렸다면 새로운 포크는 아이가 직접 구해오도록, 물을 먹고 싶다면 직접 요청하도록, 화

113

장실에 가고 싶다면 직접 위치를 알아내도록 하세요. 생각보다 훨씬 잘 해내는 모습에 놀랄 거예요. 기회가 없었던 것뿐입니다. 이번 여행에서 못 하겠다고 버티던 아이라도 다음 여행에서는 하나씩 조금씩 시도하게 된답니다.

현지 식당에서 메뉴를 주문할 기회가 있다면 여러 메뉴 중 하나는 아이가 직접 선택하게 해주세요. 공부하듯 메뉴판을 들여다보며 신중하게 고른 음식을 먹어보는 일은 여행의 주체가 되는 흥분되는 경험입니다. 선택 실패로 도저히 입에 맞지 않는 음식이 나와 온 가족이 곤란해하는 모습도 잊지 못할 추억이 될 거고요. 메뉴 하나 실패한다고 여행을 망치는 것은 아니라는 평범한 진리를 마음에 새기세요.

또 한 가지, 가족여행은 종이지도와 함께합니다. 스마트폰 속의 구글맵이 훌륭하지만 지금 우리가 살고 있는 곳을 떠나 어느 방향으로 얼마만큼 이동하는 중인지 눈으로 손가락으로 짚어볼 수 있게 해주세요. 출발 전에 동그란 지구본으로 비행경로를 확인해보는 것 역시 유익합니다. 환전, 시차, 여권, 비자 등 해외여행에 필요한 정보를 아이와 공유해주세요. 현지에 도착하면 현지 언어로 만들어진 지도를 챙기고 머문 지역의 전체 모습과 숙소의 위치, 내일의 동선 등을 지도를 통해 확인한 후 잠자리에 들게 해주세요.

그렇다고 아이를 일부러 힘들게 만들 필요는 없어요. 아이를 성장시키고 싶은 욕심에 또는 높은 비용만큼의 교육적 효과를 얻으려고 일부러 어려운 상황을 만들고 어려움을 강요하지는 마세요. 그렇지 않더라도 여행에는 늘 예상치 못한 변수가 생기고 이를 해결해내는 과정 자체가 그 여행을 기억하는 가장 큰 추억이 되니까요. 흐름에 맡기되 크고 작은 어려움, 변동, 건강문제 등이 생겼을 때 어떻게 해결하면 좋을지에 대해 부모가 일방적으로 결정하지 않고 아이에게도 해결책을 묻고 답을 들어보는 일이 더 큰 성장을 가져올 수 있답니다.

교실에서
사랑받는 아이의
매일 언어 습관

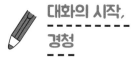

대화의 시작,
경청

  교실 속 친구들은 초등학생이라고 생각할 수 없을 만큼 어른스러운 단어를 사용하고 중·고등학생 같은 표현을 해 놀라게 합니다. 말 잘하는 아이들, 참 많습니다. 모둠 활동 시간, 발표 시간, 쉬는 시간마다 경쟁하듯 많은 말을 쏟아내지요. 말을 잘한다는 것, 좋습니다. 자기의 생각을 조리 있게 표현하는 건 자랑할 만한 일입니다. 그런데 안타깝게도 교실에 말하는 아이들은 늘어나는

데 듣는 아이들은 없습니다. 내가 한 번 더 말하고 싶고, 더 많이 더 크게 말하고 싶은 친구들로 와글와글하지만 듣는 친구가 없으니 말을 해도 반응이 신통치 않습니다.

우리 아이는 부모님, 선생님의 말씀과 친구들의 이야기를 얼마나 경청하고 있을까요? 똑 부러지게 말만 잘하면 다 된 것처럼 보이세요? 우리 아이는 똑 부러지게 말을 잘하니까 걱정할 것 없다고 생각하나요? 혹은 우리 아이는 늘 듣기만 하는 것 같아 속상하고 답답한가요? 잘 들으며 공감하고 반응하는 아이들이 결국 상대의 마음을 얻습니다. 듣지 않는 아이들은 말은 잘할지 몰라도 친구와 교감하며 대화하거나 친구의 마음을 설득하는 데 서툽니다. 친구의 말에 귀를 기울이지 않으면 둘 사이의 상황에 어떤 문제가 있는지, 더 좋은 해결책은 없는지에 대해 생각할 수가 없습니다. 내 생각이 옳으니 네 생각은 들을 필요가 없다는 식의 태도라면 그 생각이 아무리 좋은 생각이라도 친구는 수긍하고 싶지 않을 거예요. 그저 자기주장만 반복할 뿐이거든요. 교실 안 친구들 사이에서 일어나는 크고 작은 갈등 대부분은 서로의 말을 제대로 듣지 않아서 생긴답니다.

잘 듣는 일은 생각보다 어렵습니다. 어른 중에서도 듣기에 서툰 사람이 많은 것을 보면 경청은 단순한 습관이 아닌 능력의 일종인지도 모르겠습니다. 듣기는 선택이 아니라 필수입니다. 소통과 협력을 최우선 가치로 두는 4차 산업혁명 시대의 가장 핵심적인 덕목이 바로 '경청'이니까요. 어릴수록 당연히 다른 사람의 말에 귀를 기울이거나 끝까지 듣기가 쉽지 않습니다. 다행인 것은 사고나 행동이 경직되고 굳어진 성인들에 비해 아이는 꾸준한 훈련을 통해 올바른 방향으로 능력을 키우는 것이 수월하다는 것입니다. 이마저도 아이들이 스스로 다 커버렸다고 생각하는 초등 고학년 즈음이 되면 쉽지 않습니다. 교실에서 친구들과의 대화가 행복해지는, 아이의 잘 듣는 습관을 키우는 방법을 생각해봅시다.

엄마가 너의 말을 잘 듣고 있어

"지혜로운 사람은 남의 말을 잘 들어야 해"라고 백번 가르치는 것보다 부모 스스로 잘 들어주는 모습을 한 번 보여주는 것이 확실한 효과가 있습니다. 이때 잊지 말아야 할 것은 상대가 아이라는 사실입니다. 부모의 눈높이가 아니라 아이의 눈높이에 맞는 방법과 행동을 취해야 합니다. 설령 부모 간에는 말하지 않아도 눈빛으로 아는 것이 있다 하더라도 아이에게 같은 방법을 강요해서는 곤란합니다. 그런 것보다는 "아, 그렇구나" "너는 그렇게 생각하는구나!" "근데, 왜 그렇게 생각하지?"처럼 직접적인 말과 표정, 액션을 통해 부모가 내 이야기를 듣고 있다는 것을 느끼게 해주어야 합니다.

아이들은 종종 앞뒤가 맞지 않는 말을 끝없이 하는 경우가 있습니다. 그래도 끝까지 들어주는 것이 중요합니다. 아이로서는 최선을 다해 말하고 있거나 최선을 다해 설명하고 있는 중이거든요. 자신이 말하는 것에 대해 방해를 자주 받는 아이는 자기 생각과 감정을 나누는 것에 불안감을 가지게 됩니다. 결국 듣기를 통한 공감 능력을 키워주기 위해서는 부모가 잘 들어주어야 합니다.

📋 아이가 잘 들을 때까지 기다려주세요

중요한 것은 아빠, 엄마의 말을 끝까지 듣는 것을 훈련하는 일입니다. "아빠 말 아직 안 끝났다" "아빠 말을 끝까지 들어!" 같은 훈계 형식보다는 "아빠도 우리 규현이 말을 끝까지 들어줬지? 이제는 규현이가 아빠 말을 들어줘야 할 차례야. 괜찮을까?" 같은 끝없는 설득과 논리가 필요하지요. 시간이 필요한 일입니다. 부모가 들어주기를 했다고 해서 아이도 들어주기를 쉽게 할 것이라고 생각하면 조급해집니다. 한 번에 되지 않는다고 해서 혼내거나 포기하지 마세요. 세상을 얼마 경험하지 않은 어린아이가 성인보다 오랜 시간이 필요한 것을 당연히 여기고 기다려야 합니다.

📋 '조금만 기다려줄래?'

아이의 말을 잘 들어주기 위해 어느 순간이든 아이가 말을 걸면

실전, 학교가 좋아지는 아이 습관 만들기

모든 대화와 행동을 중단하고 아이에게만 집중하는 부모가 많습니다. 잘 듣는 습관의 본을 보인다는 면에서는 언뜻 최고의 방법인 것 같지만 사실 이 습관 때문에 교실의 많은 아이가 상처를 받습니다. 교실에서는 내가 하고 싶은 말을 꺼낸다고 해서 선생님, 친구들이 일시에 모든 행동, 말을 멈추고 들어주는 일이 없거든요. 할 말이 떠오르면 손을 들고 순서를 기다려야 하며, 친구의 말이 끝날 때까지 인내심 있게 기다려야 해요. 이 경험이 없는 아이들에게 교실은 내 이야기를 들어주지 않는 불친절하고 불편한 곳이 된답니다. "우리 선생님은 내가 말해도 듣지도 않아"라고 투덜댄다면 한 번 점검해보세요. 어떤 상황에서 어떤 말을 꺼냈었는지 말이죠. 아이가 하고 싶은 말이 있어 불쑥 엄마를 찾아도 하던 일이 있거나 말이 끝나지 않았다면 "조금만 기다려줄래?"라는 말로 아이의 인내심 있는 대화습관을 만들어주세요.

논리적인 말하기

학년을 막론하고 초등학생들에게 꿈을 물어보면 연예인, 유튜버, 교사, 요리사 등이 인기가 있어요. TV나 인터넷 매체 등 주변에서 자주 볼 수 있다는 공통점도 있지만 옛날이나 지금이나 말 잘하는 사람은 인기가 많습니다. 요리사 중에서도 TV에 나오는 유명 셰프들은 타고난 방송인처럼 기가 막히게 말을 잘합니다. 우리 아이도 저렇게 청산유수처럼 똑 부러지게 말 좀 잘했으면 싶은데 아이가 말하는 걸 듣고 있으면 답답해서 속이 터질 것 같습니다. 어떻게 도와야 할까요?

울지 않고 말해요

실제로 초등 1, 2학년 교실에는 눈물만 뚝뚝 흘리며 입을 꾹 다물고 있는 아이들이 종종 눈에 띄어요. 억울하고, 아프고, 화나고, 힘든데 말이 아니라 울음으로 표현하는 것이죠. 곤란한 상황을 지금까지 울음으로 해결해왔었고, 울기만 하면 주변 어른들이 나서서 달래주고 물어봐 주고 위로해주었으니 해오던 대로 계속 울고만 있는 거예요. 안타깝게도 1학년 담임에게는 말없이 울기만 하는 아이를 엄마처럼 아빠처럼 인내심 있게 달래고 마음을 읽어줄 여유가 없습니다. 한 아이를 천천히 달래고 어루만지는 동안 나머지 29명의 아이는 교실을 난장판으로 만들고 복도로 달려나가거든요. 고학년이 될수록 자주 우는 아이들은 친구들의 집중 놀림의 대상이 되기도 해요. 은근히 무시하고 잘 놀려고 하지 않지요. 조금만 속상하면 토라져 바로 눈물을 보이는 친구와 노는 게 영 부

121

담스러운 것도 이해는 갑니다. 친구가 이해할 수 있게 상황을 설명하고 논리적으로 설득하는 습관, 친구들과 부드러운 관계를 만드는 단단한 바탕이 될 거예요.

핵심부터 말하는 습관

핵심을 말하지 않고 내용부터 구구절절 설명하면 친구는 무슨 소린지 몰라 답답해집니다. 초등 아이들은 그 긴 내용을 다 들어줄 만큼 인내심이 크지 않아요. 중요한 것은 구구절절한 사설이 아니라 말하고자 하는 핵심입니다. 쉽게 말하되, 핵심을 전하는 대화가 습관이 되도록 해주세요. 대화에서 가장 중요한 건 듣는 사람인데요. 상대를 고려하지 않고 내 이야기만 오랫동안 하려고 하면 친구들이 하나둘 자리를 떠날 수도 있어요.

"오늘 비가 많이 오던데 체육 수업은 어떻게 했어?"
"이유가 있었을 것 같은데 왜 그런 걸까?"

라는 식의 질문으로 하나씩 논리적인 표현을 사용하도록 유도해주세요. '아직 어려서 그렇겠지'라고 생각할 수 있겠지만 일상과 가정에서 논리적 말하기를 자연스럽게 훈련했던 아이들과 그렇지 않은 아이들의 차이는 고학년이 되면 눈에 띄게 벌어집니다. 5학년 국어에서 본격적인 토론 활동이 시작되는데요. 평소 논리적으로 말하고 책을 많이 읽었던 친구들이 자연스럽게 토론을 주도하고 상대를 설득해내더라고요.

'그게 꼭 필요한 걸까?'
'다른 방법은 없었을까?'
'지금 상황에서 가장 필요한 게 뭘까?'

아무리 좋은 내용을 전달했다 해도 상대가 공감할 수 없다면 소용없기 때문에 설득의 기술이 필요한 거예요. 내가 왜 이렇게 생각하는지, 상대에게 이것이 어떤 도움을 주는지를 설명하도록 수시로 사고를 확장하는 질문을 던져주세요. 이런 훈련을 통한 논리력은 횟수를 더해갈수록 늘어날 수밖에 없어요. 때로 주장보다 큰 힘을 가진 것이 근거인데요. 가끔 주변에서 말도 안 되는 사기를 당하는 이유를 생각해보면 주장이 엉성하다는 걸 알면서도 그 근거가 너무나 논리적인 데다가 확신에 가득 차 자신감 있게 설명하기 때문이란 걸 떠올려보면 이해가 될 거예요.

실전, 학교가 좋아지는 아이 습관 만들기

바른

인사예절

　학년 초, 이름과 얼굴이 연결되지 않는 낯선 학급 아이들의 이름을 짧은 기간 안에 외우는 일은 초등 담임들의 중요한 미션이에요. 대부분 2주 정도 지나면 학급 전체 아이들의 이름을 기억할 수 있지만 아이마다 담임의 머릿속에 기억되는 순서는 확연히 차이가 있습니다. 교실의 아이들은 새 학년이 시작되면 담임 선생님이 내 이름을 알고 있는지 궁금해하고 기대하더라고요. 이름을 기억해서 불러주면 칭찬을 받은 것처럼 좋아합니다. 선생님이 내 이름을 아신다면서 으쓱하고 좋아하는 아이들의 모습이 천진하고 사랑스럽죠. 어떤 아이들은 하루 만에 이름과 얼굴이 외워지고, 어떤 아이들은 한 달이 다 되어가도록 입에 붙지 않을 때도 있는데 거기에는 아주 작은 차이가 있어요. 그 미세하고도 결정적인 차이는 바로 인사입니다.

　인사라는 사소한 일상 습관이 담임 선생님께서 그 아이를 기억하는 데 도움을 주며 긍정적인 첫인상을 좌우하는 근거가 되는 거예요. 등교하여 교실에 들어서면서 먼저 선생님께 다가와 웃는 얼굴로 공손하게 인사하는 아이를 볼 때마다 이름 한 번 더 부르면서 칭찬하다 보니 굳이 노력하지 않아도 쉽게 외워지는 거죠. 초등 시기에는 담임 선생님이 아이에게 미치는 영향이 절대적입니다. 담임 선생님과의 부드러운 관계, 많은 칭찬을 받는 관계가 학교를 편안하게 느끼게 만드는 열쇠랍니다. 인사 잘하는 우리 아이를 위해 어떤 습관을 만들면 좋을까요?

📝 다른 사람의 인사를 보게 해주세요

국회의원, 연예인, 유명 운동선수도 인사 때문에 칭찬받고 비난도 받습니다. 유명인들만의 이야기는 아닐 거예요. "내가 먼저 인사했는데 걔는 인사도 안 해"라며 아이가 속상해할 때가 있었을 거예요. 그럴 때 친구를 비난하고 험담하는 것으로 대화를 끝내지 말고요. 인사의 중요성에 관해 이야기를 나누는 기회로 삼아보세요. 인사 잘하는 친구와 만나면 어떤 기분이 드는지, 반대로 그렇지 않은 친구랑 있을 때는 어떤지 이야기를 나누어보는 것도 좋습니다. 또 뉴스나 인터넷 기사에서 유명인들이 인사하는 모습을 발견했다면 휙 지나쳐버리지 말고 곧장 대화 소재로 삼아보세요.

📝 인사를 제대로 가르쳐주세요

생각보다 많은 아이가 예의 바르고 바르게 인사하는 방법을 모르고 있어요. 목을 숙이는 정도, 허리를 구부리는 정도, 눈을 마주치고 미소를 띠는 것과 '안녕하세요'라는 인사말 등 짧은 인사 안

125

에도 챙겨야 할 것들이 좀 있습니다. 안타깝게도 잘 된 인사를 제대로 배운 적이 없는 아이들이 어른을 보고도 목석처럼 가만히 서 있거나 고개만 까딱하다가 의도치 않게 오해를 받습니다. 3학년 담임할 때 만났던 남자친구 한 명이 좀처럼 인사를 하지 않았어요. 먼저 인사를 건네도 번번이 눈을 피해버리더라고요. 착하고 모범적인 아이가 계속 인사를 피하길래 상담하러 오신 어머님께 말씀드렸더니 어머님께서 답을 주셨는데 참 기가 막혔습니다.

"아, 선생님. 그건 어쩔 수가 없어요. 우리 지웅이는 원래 인사를 싫어해요. 예의 바르고 착한 아이인데, 인사는 싫어해서 아무리 하라고 해도 말을 안 듣네요. 마음이 없어서 그런 건 아니니까 이해 부탁드릴게요."

사람은 머릿속 생각이 아니라 행동으로 평가받습니다. 모든 걸다 이해하고 포용하는 부모의 사랑도 때로 한계에 부딪히는데, 담임 선생님께서 아이의 속마음까지 다 헤아리면서 아이에 대해 애정을 표현하기란 불가능에 가깝습니다. 정말 예의 바른 사람이라면 행동으로 보여야지요. 착한 속마음을 알아달라고 아무리 사정해도 그것을 담임이 어떻게 알 수 있을까요? 몰라준다고 서운해하기 전에 아이의 인사 습관을 점검해주세요.

📝 먼저 씩씩하게 인사하세요

시키지 않으면 절대 먼저 인사하지 않는 아이 때문에 민망하고 화가 난 적이 있을 거예요. 옆구리를 찔러가며 인사시키지만 필요성을 모르는 아이는 쉽게 변하지 않습니다. 이럴 때는 부모님께서 달라지면 됩니다. 아이가 인사하는지 신경 쓰지 말고 먼저 큰 소리로 인사해주세요. 안부도 묻고, 짧은 대화도 나누고, 헤어질 때는 또 큰 소리로 공손하게 인사하세요. 교실에서 유난히 인사를 예쁘게 하는 친구들은 신기하게 부모님도 열심히 인사를 건네주시더라고요. 받는 사람이 기분 좋아지는 씩씩한 인사는 초등 시절 담임 선생님께 잘 보이기 위한 수단이라기보다 언제 어디서나 사랑받고 존경받는 성인이 되는 데 필요한 덕목이라고 생각해주세요. 아이는 언젠가 본대로 따라 하게 될 거예요. 그때가 언제인지는 아이마다 다르겠지만 반드시 옵니다. 올 때까지 인내심을 가지고 계속 씩씩하게 인사해주세요.

실전, 학교가 좋아지는 아이 습관 만들기

매일매일
빛을 더하는
똑똑한 교실 속 습관

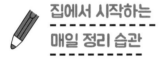
집에서 시작하는
매일 정리 습관

　공부 잘하는 아이를 기대한다면 오늘부터 한 가지라도 좋으니 아이 스스로 하는 정리를 시작해야 합니다. 언뜻 보면 아이의 일 중 가장 거리가 멀게 느껴지는 공부와 정리, 사실 이 둘은 굉장히 긴밀하게 연결되어 있거든요. 우리 뇌는 매 순간 계획을 세웁니다. 책상을 정리할 때, 설거지할 때, 영화를 보거나 여행을 갈 때도 계획을 세우고 있습니다. 일상에서 다양한 계획을 세워본 아이가 공부계획도 잘 세우고요. 공부할 때면 언제나 계획으로 시작하는 아이들이 결과도 다릅니다.

평범해 보이는 일상을 계획적으로 설계하는 습관을 들이려면 주변을 정리하는 연습으로 시작해보세요. 정리라는 평범한 일상의 일은 뇌 기능을 활성화해 공부를 잘할 수 있게 돕고, 교실에서도 사랑받고 칭찬받는 아이가 될 수 있는 핵심이기도 합니다. 정리를 계획하고 시도할 때는요. 아이의 흥미, 성향을 고려하면 훨씬 효과가 있을 거예요. 말하기를 좋아한다면 계획을 설명하는 기회를 얻게 하고요. 쓰기를 좋아한다면 목록형으로 할 일들을 적어보게 하세요. 그리기를 좋아한다면 전체 과정을 그림으로 표현해보는 것이 흥미롭겠죠.

아이가 매일 집에서 해볼 만한 정리 습관 목록을 알려드릴게요. 현재의 나이, 이제까지의 경험, 아이의 성향, 흥미 등을 고려하여 하나씩 시작해주세요. 아이에게 목록을 보여주고 직접 선택해보게 하는 것도 참여를 유도하는 좋은 방법입니다.

· 신발 정리, 신발장 정리하기
· 먹고 난 컵 헹구어 정리하기
· 책장 속 내 책 정리하기
· 내 책상 서랍 정리하기

- 내 책상 위 깨끗하게 닦고 지우개 가루 버리기
- 내 옷장에 있는 옷 정리하기
- 속옷, 양말 등 옷장 서랍 정리하기
- 자고 일어나면 침대 정리하기
- 욕실의 양치 도구 정리하기
- 내 장난감 가지런히 정리하기
- 가방, 모자, 우산 등 생활용품 정리하기
- 필통, 연필꽂이 정리하기
- 읽고 난 책을 책장에 정리하기
- 학교 책가방, 학원 가방 미리 챙겨두기

교실 속
습관 점검해보기

　집에서 자기 책상을 정리해본 경험, 옷과 방을 정리해본 경험, 가족의 신발을 정리해본 경험, 먹고 난 그릇과 식탁을 정리해본 경험은 교실에서의 일상으로 자연스럽게 연결될 수밖에 없습니다. 우리 아이들은 매일 교실 안에서 공부만큼이나 다양한 정리를 하며 하루를 보냅니다. 아침에 교실에 들어서면 책상 서랍과 사물함의 책들을 정리하고, 우유를 마시고 나면 혼자 힘으로 깔끔하게 정리해야 해요. 미술 시간 활동이 끝나면 종이, 가위, 색연필, 물감 등 각종 도구를 원래대로 정리해서 넣고 지저분해진 책상 위, 자리 바닥을 깨끗하게 만들어야 해요. 매일의 점심시간은 자기가 먹은 식판을 깔끔하게 정리하는 것이 기본이기도 하고요. 학교는 똑똑하거나 공부만 잘한다고 칭찬받는 곳이 아니라 자기 주변 정리를 깔끔하게 끝내놓고 옆에 있는 서툰 친구들을 생글생글 웃으며 도와주는 예쁜이들이 칭찬받는 곳이랍니다.

정리 말고도 교실 아이들이 평소에 익혀두면 유용한 습관들이 있습니다. 초등 입학을 준비 중이거나 아이가 초등학교에 다니고 있다면 아래의 습관들을 자신의 힘으로 할 수 있는지 꼭 한 번 점검해주세요. 이 습관들은 교실에서 혼자 해내야 하는 종류의 일들인데, 할 수 없는 아이들은 번번이 선생님, 주변 친구들의 도움을 받고 지내는 중일 거예요. 놓치고 있었거나 아직 혼자 하지 못한다면 오늘부터 하나씩 연습이 필요하답니다.

· 운동화 끈 묶기
· 우유팩 열어서 흘리지 않고 끝까지 먹기(5분 안에)
· 색연필, 사인펜 가지런히 정리하기
· 젖은 우산을 접고, 단추까지 잠가서 통에 넣기

실전, 학교가 좋아지는 아이 습관 만들기

- 두꺼운 외투 가지런히 접어서 정리하기
- 급식 먹고 나서 식판, 수저 깔끔하게 정리하기
- 화장실 사용 후 뒤처리하기, 손 깨끗이 씻기
- 우유를 흘리고, 미술 시간이 끝나면 물티슈로 얼룩 닦아내기
- 도서관에서 대출, 반납하기
- 사물함 속의 물건들 가지런히 정리하기
- 내 물건에 이름 쓰고 챙기기

인기 만점 우리 아이,
다정한 친구 관계
맺는 법

아이가 초등학교에 입학하면 뭐가 가장 걱정되세요? 실제로 초등 교실의 상담 주간에 가장 많이 듣는 질문은 아이가 친구들과 잘 지내고 있는지에 관한 것이고요. 그다음이 학습에 관한 걱정이랍니다. 아이가 친구들과 잘 지내지 못할까 봐 걱정하기 전에 한 가지를 짚어볼게요. 어른들이 일상에서 만나고 맺는 관계의 모습이 다양한 것처럼 아이들의 친구 관계도 그렇습니다. 친한 친구가 많은 사교적인 아이도 있고, 소수의 친구와 친밀한 관계를 맺는 아이도 있어요. 쉬는 시간, 점심시간마다 많은 친구와 어울리며 에너지 넘치는 아이가 있는가 하면, 교실에 조용히 앉아 몇몇 친구들과 이야기하는 것을 즐기는 아이도 있습니다. (자세한 성향별 모습은 4부에서 소개됩니다.)

부모가 아이의 친구 관계에 대해 걱정하는 이유는 학교에서의 친구 관계가 성인이 되어 맺게 되는 사회에서의 인간관계와 깊은 관련이 있기 때문입니다. 아이가 친구 관계를 맺는 일에 서툴고 힘들어할 때마다 부모가 나서서 해결해줄 수는 없는 노릇이지만 어떻게 하면 더 좋은 친구가 될 수 있을지에 관해 함께 이야기를 나눌 수는 있습니다. 평소 습관만으로도 친구들에게 인기를 얻을 방법을 소개합니다.

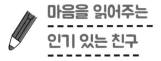

마음을 읽어주는 인기 있는 친구

교실에서 인기 있는 친구들은 공감 능력이 뛰어난 친구들이라는 공통점이 있어요. 물론, 공부를 잘하거나 유머 감각이 뛰어나거나 눈에 띄게 예쁘면 인기에 도움이 되기도 하지만 결코 절대적인 조건은 아닙니다. 교사나 부모의 눈으로 보기에 인기 많을 것 같은 아이들이 의외로 친구들의 외면을 당하고, 눈에 띄지 않는 조용한 아이가 친구들의 인기를 한 몸에 받는 건 바로 공감 능력의 차이 때문이에요. 이때의 공감 능력은 친구의 감정에 무조건 끌려가는 것이 아니라, 자기의 생각과 감정도 적극적으로 표현할 수 있는 모습이어야 해요. 이런 소통 과정에서 아이는 자신의 감정을 일방적으로 주장하지 않는 동시에 친구의 감정을 일방적으로 받아들이지 않는 연습을 하는 거죠. 체육 시간에 넘어져서 울고 있는 친구의 옆에서 깔깔대며 계속 우스운 이야기를 나누는 아이들이 종종 있어요. 상대의 상황을 살피고 이해하거나, 상대의 눈치를 살펴본 경험이 없는 아이들이 교실에서 본의 아니게 얄밉고 짜증 나는 캐릭터가 된답니다.

규칙과 질서

서로 존중하고 배려하면서도 친하게 지낼 수 있는 가장 큰 역할은 '규칙과 질서'에 있습니다. 여기에서의 규칙과 질서는 틀에 박힌 명령과 그에 대한 순응을 의미하는 것이 아니라 누구와 어떤 문제가 있더라도 일관성 있는 규칙과 질서 안에서 사고하고 행동하는 것을 뜻합니다. 초등 6년 동안 해마다 많게는 30명의 아이가 교실이라는 공간 안에서 거미줄처럼 다양한 관계를 맺으면서 서로에게 적응하고, 문제점을 해결하며 자라고 있어요. 기본은 규칙과 질서입니다. 겨우 열 살 남짓한 아이들이지만 아이들 사이에도 일정한 규칙과 꼭 지켜야 하는 질서라는 게 있답니다. 그들만의 규칙을 무시하려고 할수록 소위 말하는 '같이 놀기 싫은 아이'가 되는 거예요. 슬쩍 속이려 들고, 새치기하고, 자기에게 유리한 쪽으로 규칙을 자꾸 변경하고, 큰 목소리로 우기고, 지고 나면 억울해하며 인정하지 않고, 하다 말고 훌쩍 자리를 떠버리면 이제 더는 놀고 싶지 않아집니다. 아무리 마음에 들지 않는 규칙과 질서라도 약속했다면 반드시 지키도록 노력하는 습관이 필요해요.

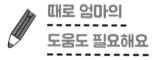

때로 엄마의
도움도 필요해요

"엄마들끼리 친구가 되면 아이들의 친구 관계에 도움이 될까요?"라는 질문을 종종 받습니다. 이미 아이를 어느 정도 키워봤고, 아이 친구 관계에 대해 경험을 해본 분들은 대부분 '엄마들끼리 친구가 되는 것과 아이들의 친구 관계는 별개다' 혹은 '엄마들이 아이들의 친구 관계에 개입하는 것이 아이들의 친구 관계에 큰 영향을 주지는 않는다'라는 결론을 냅니다. 하지만 아직 친구 사귀기에 서툰 유치원, 초등 저학년 시기라면 때로 엄마의 이런 역할이 도움이 되기도 해요. 뭐든 '절대 아니다'라는 닫힌 사고가 아니라 상황에 맞는 유연함을 가지고 접근하기를 권합니다. 초등 아이가 저학년 시기에 친구들과 쉽게 친해지지 못해 힘들어한다면 한두 번 정도의 의도적인 만남을 통해 즐겁게 놀 기회를 주고 이후의 관계로 발전할 수 있도록 돕는 일도 필요합니다. 초등 중학년 이후에는 말하지 않아도 자연스럽게 자기와 잘 맞는 친구를 찾아가게 될 테니 이때부터는 적극적인 개입보다는 아이 친구 관계에 관한 관심 정도만 표하는 것이 좋겠습니다.

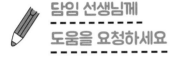

담임 선생님께 도움을 요청하세요

학급의 아이들이 맺고 있는 친구 관계를 분석하기 위해 담임교사가 많이 사용하는 방법은 교우관계 조사표인 '소시오그램(Sociogram)'을 활용하는 것입니다. 보통 한 달이나 한 학기 주기로 사용하는데요. 담임교사는 이를 통해 특정 아이의 친구 관계에 대한 성향이나 그 반의 전체적인 교우관계 분위기를 파악하고 있습니다. 그런 뒤 의도적으로 성향이 비슷한 아이들끼리 균질 집단을 형성해 모둠을 만들거나, 혼자 노는 아이들을 사교성 좋은 아이들 집단에 넣어 함께 활동하는 연습을 시키기도 합니다. 서로 성향이 맞지 않아 문제가 자주 발생하는 아이들을 따로 두고 잘 맞는 아이들과 모둠을 만들기도 하고요. 이런 다양한 시도들은 소속된 집단에 따라 자신의 역할이나 친구 관계의 분위기가 달라질 수 있다는 걸 알게 하는 데 목적이 있답니다.

늘 모둠장을 도맡아 하던 아이가 다른 친구들과 만나서는 작은 역할만 맡게 되기도 하고요. 좀처럼 목소리를 내지 않던 아이가 새로운 모둠에서는 전체 친구를 이끄는 모습도 보이지요. 전체적인 흐름은 교사가 목적을 가지고 가지만, 그 속의 작은 관계들은 모둠에서 적응하는 아이들의 몫입니다. 그래서 아이가 교실 속 친구 관계로 어려움을 겪고 있다면 담임 선생님께 적극적으로 도움을 청해보는 것도 좋은 방법입니다. 아이의 친구 관계 개선을 위해 새로운 모둠에 속해보는 것도 적절한 전환점이 될 수 있거든요.

자기 조절력을
기르는 연습,
스마트폰 사용 원칙

요즘 초등 아이들의 다른 이름은 '디지털 네이티브'입니다. 스마트폰의 진화와 고스란히 발맞추어 디지털 세상에서 탄생하고 성장하고 있는 요즘 애들을 '디지털 네이티브'라고 부릅니다. 지치도록 뛰어놀며 유년 시절을 보냈던 우리 부모 세대들이 탄생부터 스마트폰과 함께인 요즘 애들을 기르고 있는 거지요. 공무원이 최고인 줄 아는 부모와 백만 유튜버를 꿈꾸는 아이가 한 지붕 아래 살을 비비며 살아가는 현실, 결코 남의 얘기가 아닙니다. 놀이터를 뛰어다니던 아이들이 유튜브의 바다에서 헤엄치고 있고, 책과 문제집으로 공부하던 학생들이 인터넷 강의를 수강하고, 손가락으

실전, 학교가 좋아지는 아이 습관 만들기

로 덧셈하던 아이들이 게임 수학 애플리케이션에 있는 사탕 모양을 옮기며 모으기, 가르기로 답을 찾아내고 있습니다. 성장의 시기를 선택한 적 없는 아이들, 디지털 시대라는 거대한 흐름의 중심에서 성장 중인 요즘 애들을 위한 어른의 노력이 어느 때보다 절실한 요즘입니다. 스마트폰을 만지게 해달라는 아이와 실랑이하는 부모의 모습은 일상이 되었고, 실랑이할 것도 없이 스마트폰 화면에 온종일 빠져 사는 아이들이 점점 많아지고 있다는 건 요즘 부모라면 누구나 공감할 거예요. 지금 시대는 누가 더 똑똑한가보다는 누가 더 스마트폰의 유혹과 중독에서 자신을 조절할 수 있느냐로 성적과 능력이 판가름 날 만큼 그 영향이 치명적입니다.

인간의 두뇌가 경험으로 변화되는 능력, 자주 사용되는 경로를 강화하는 능력을 '뇌의 가소성'이라고 하는데요. 아이에게 스마트폰이 치명적인 이유가 여기에 있습니다. 게임이나 미디어 정도의 자극이 아니면 흥미를 잃고 지루하게 느끼는 것이 바로 스마트폰 중독의 주요 폐단입니다. 과도하게 자극적인 재미는 그 내용이 교육적이더라도 두뇌를 무기력하게 만들고 결국 일상을 갉아먹는 원인이 됩니다. 무엇보다 소통에 어려움이 생기고, 공감 능력이 부족하여 친구들의 감정을 읽지 못하거나 분위기를 파악하지 못해 교실 속 관계에 문제가 생길 수밖에 없습니다. 뭐든 내가 조정하고 터치하는 대로 움직이는 화면에 익숙해진 아이들은 뜻대로 돌아가지 않는 교실 상황이 너무 힘들고 짜증스럽겠죠.

초등 고학년이 될수록 스마트폰이 새로운 형태의 학교폭력의 발화점이 되어 카톡 왕따, 집단 따돌림, 카톡 싸움이 집단 패싸움으로 번지는 경우도 흔합니다. 친구들과 어울리기 위해 스마트폰이 필요하다고 졸라대는 바람에 못 이긴 척 사줬더니 친구 관계에 더 집착하며 전보다 훨씬 힘들어하는 걸 보면서 사준 걸 후회한다는 분도 많습니다. 중독될까 불안하지만 강제로 금지하기엔 이미 일상 깊숙이 자리 잡은 스마트폰, 피할 수 없다면 자기 조절력을 키우는 도구로 활용해보는 건 어떨까요? 일상 속 스마트폰 조절력을 키우는 방법에 대해 함께 고민해보겠습니다.

실전, 학교가 좋아지는 아이 습관 만들기

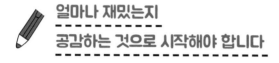

얼마나 재밌는지
공감하는 것으로 시작해야 합니다

아이가 하는 게임을 30분 이상 옆에서 응원하고 맞장구치며 간식도 주면서 함께 해주세요. 왜 이 게임, 영상에 아이가 미치도록 열광하는지, 우리 아이가 흥미를 보이는 관심사는 무엇인지 알 수 있는 긍정적인 시간으로 해석해주세요. '우리 딸은 친구들과의 페이스북 댓글에 예민하구나, 우리 아들은 게임에서 이럴 때 가장 신나는구나' 등의 관찰을 통해 아이의 마음과 관심에 눈높이를 맞추는 시간은 매우 중요합니다.

스마트폰에 중독 증상을 보인다는 것은 '난 놀이가 없어요. 아무도 놀아주질 않아요'와 같은 의미입니다. 아이가 유난히 스마트폰에 집착하는 모습을 보인다면 아이의 눈높이에서 놀아주는 시간을 확보해주세요. 부모가 눈을 마주치며 노는 시간을 통해 아이는 정서적으로 충전되어 외로움이 해소되고 중독에서 벗어날 수 있습니다. 중독이 심한 경우 72시간 이상 가족 모두가 동참하는 디지털 디톡스 시간을 가져보는 것도 좋습니다. 어떤 IT 기기도 없이 3일 이상 지내보는 것이지요. 의도적으로 지루함을 되찾는 시간을 갖고 작은 재미에 만족하며 잊고 지냈던 즐거움을 함께 찾아보는 건 어떨까요?

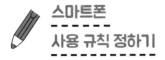

스마트폰
사용 규칙 정하기

　시간 설정 애플리케이션을 이용해 30분, 1시간 등으로 제한 시간을 설정하는 습관을 들이세요. 이때 부모의 강요가 아니라 아이가 스스로 통제능력을 쥔다는 느낌이 들도록 하는 것이 중요합니다. 습관 초기에는 스스로 정해놓은 시간이 끝나는 순간 자동으로 스마트폰의 작동이 멈추는 기능을 사용하여 도움을 받는 것이 좋습니다. 시간 설정 애플리케이션에는 '패밀리 링크, 엑스키퍼, 포레스트, 넌 얼마나 쓰니, 모바일펜스 등'이 있습니다.

　또 중요한 한 가지가 있는데요. 알림을 꺼주세요. 모든 알림은 그 자체만으로 중독의 위험을 내포하고 있습니다. 우리 뇌는 알림에 즉각 반응하고 이러한 자극이 잦으면 결국 중독되는 패턴을 보이기 때문이지요. 페이스북 알림, 카카오톡 알림 등을 모두 끄는 것을 스마트폰 사용 규칙으로 정하세요. 잠시 이메일만 확인해야겠다며 화면을 열었지만 손에서 놓지 못하고 한 시간을 훌쩍 보낸 경험, 성인인 부모에게도 흔한 일이잖아요.

스마트폰을 대신해주세요

할 수 있는 것이라곤 스마트폰밖에 없는 상황은 만들지 마세요. '그게 아니어도 괜찮아. 없어도 재미있네'라고 느끼게 해주세요. 지루할 수 있는 장거리 차량 이동이나 야외 활동 시 스마트폰을 대체할 물건을 챙기세요. 보드게임, 책, 공, 플라잉 디스크, 스피커, 카드, 야구 글러브, 일회용 사진기, 풍선, 비눗방울 등을 챙겨 따분해하는 아이에게 쉽게 스마트폰을 쥐여주지 않도록 부모 자신을 경계해야 합니다. 부모의 편리를 위해 습관처럼 스마트폰을 건네는 것은 이가 썩어 아프다고 하는 아이에게 사탕을 더 먹으라고 하는 것과 다르지 않습니다. 스마트폰 게임, 영상 시청이 아닌 오늘은 어떤 놀이를 하고 싶은지, 그것을 위해 필요한 준비물은 무엇인지를 아이 스스로 결정하고 고민하고 준비하게 하는 과정은 우리 디지털 네이티브들이 스스로 해내는 힘을 기르기 위한 탁월한 방법이 될 거예요.

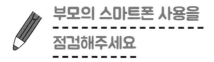

부모의 스마트폰 사용을
점검해주세요

 부모인 내가 스마트폰에 중독된 것은 아닌지 생각해보자고요. 당당하게 "나는 아닙니다"라고 말할 수 있는 부모가 몇이나 될까요? 하지만 너무 자책하지 마세요. 아이에게는 부모를 통제해보는 신선한 경험을 줄 기회가 되거든요. 스마트폰 사용에 관해 부모가 지켰으면 하는 규칙을 아이에게 정해보라고 하세요. 아이는 어른이 된 듯한 느낌을 받으며 기다렸다는 듯 부모에게 스마트폰을 제한하는 규칙을 제시할 것입니다. 아이가 제시한 규칙을 성인인 부모가 지키기 위해 애쓰는 모습을 보여주는 것, 그보다 더 살아있는 교육은 없답니다.

시간을 주도하라,
스스로 계획하고
움직이는 하루

아이의 일상에 시간 계획을 세워 몰입할 수 있는 환경을 만들어 주세요. 아무리 어려도 할 수 있습니다. 목표 없이 떠도는 배는 원하는 항구에 닿을 수가 없다는 것을 기억해주세요.

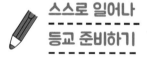

**스스로 일어나
등교 준비하기**

"얼른 일어나. 밥 먹고 학교 가야지."

"너, 지금 안 일어나면 지각하잖아."

"빨리빨리 좀 해라. 아이고 속 터져."

이런 아침 풍경, 친근하지만 너무 지겹지 않나요? 언제까지 이 실랑이를 계속해야 할까요. 대학생인 아들이 강의 시간에 늦을까 봐 옆에서 재촉하며 발을 동동 구르는 엄마가 될 건가요? 아이 스스로 기상 시간을 계획하여 알람을 설정하고 그 알람 소리에 일어나는 일은 유치원, 저학년 친구들도 충분히 가능하답니다.

좋아하는 캐릭터가 그려진 알람 시계를 선물하는 것으로 도전을 시작하면 좋습니다. 기상 미션 수행, 일주일 기상 프로젝트 등 아이만의 특별한 제목을 붙여 게임을 하듯 흥미롭게 기상하는 일에 도전하게 해주세요. 첫 도전은 짧은 기간으로 시도해야 성공 확률이 높습니다. '내일 아침 알람 소리를 듣고 벌떡 일어나기' 혹은 '이번 주 등교하는 5일간 매일 알람 소리 듣고 기상하기 미션' 등으로 성공을 경험하게 해주세요. 아침에 일어나 잠자리를 정리하고 씻고 옷을 입고 아침을 먹고 양치질한 후 가방을 챙겨 학교로 출발하는 모든 과정을 아이 스스로 할 수 있다면 이보다 더 확실하게 아이를 성장시키는 방법은 없습니다.

실전, 학교가 좋아지는 아이 습관 만들기

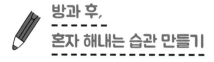

방과 후,
혼자 해내는 습관 만들기

하교 후인 두세 시부터 저녁 10시 정도까지 일상의 7시간 정도를 어떻게 분배하는가에 따라 아이의 기초 체력, 학습 능력, 습관의 차이가 벌어집니다. 시간 전체를 흐르는 일관적인 기준이 없으면 아이는 습관처럼 게임을 하고 웹툰, 유튜브를 보게 될 거예요. 집에 와서 신발 뒷정리, 가방 정리 및 물통 꺼내기, 양말 벗고 손 씻고 간식 먹기, 간식 먹는 동안 쉬는 시간에 있던 일 얘기해주기 등 꼭 필요한 정리정돈 및 위생이 일상의 습관으로 자리 잡게 해주세요. 간식을 먹으면서 영어 동영상을 보거나 책을 읽는 휴식 시간도 꼭 확보해주세요.

하교 후 입었던 옷을 정리해놓고 계획했던 과제, 공부를 끝내고 내일의 준비물을 미리 챙기는 반복적인 일상의 경험은 교실 속에서도 데칼코마니처럼 그대로 복사됩니다. 교실에 들어서자마자 하루도 빠짐없이 해야 하는 일이 오늘 배울 과목들의 교과서를 사물함에서 꺼내 책상으로 가지고 오는 것이고요. 하루 수업이 끝나면 책상 위, 의자 아래, 책상 서랍, 사물함 등 내 주변을 정리하는 것도 중요한 일과거든요. '안에서 새는 바가지, 밖에서도 샌다'라는 속담이 있는데요. 저는 '안에서 안 새는 바가지, 밖에서도 절대

안 샌다'로 바꾸고 싶습니다. 같은 의미라면 긍정적인 게 낫습니다. 집에서 매일 스스로 움직이는 습관이 되어 있는 아이는요. 학교에서는 더 잘합니다. 친구들보다 잘하려고, 선생님께 칭찬받고 싶어서 신경 써서 똑 부러지게 집에서보다 훨씬 더 잘합니다. 교실은 30명 가까이 되는 아이들이 매 시간마다 '도와주세요, 못 하겠어요'를 돌아가며 외쳐대는 시장통이라고 생각하면 돼요. 초등 담임들은 아이들이 하교하고 나면 너덜너덜해진 정신을 추스르느라 한동안 가만히 앉아 다른 일을 시작할 수 없을 정도랍니다. 그런 교실에서 자기 할 일을 알아서 척척 야무지게 해주는 몇몇 아이들이 담임에게는 진심으로 고맙고 든든한 내 편인 것 같은 마음이 들어요. 혹시 아이가 조용한 모범생 스타일이라 교실에서 존재감이 없는 건 아닐까 고민하지 않아도 괜찮습니다. 마음으로 고맙고 든든한 아이들에게는 같은 말을 해도 더 부드럽게 나올 수밖에 없는 게 초등 담임의 진짜 속마음이니까요.

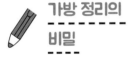

가방 정리의 비밀

자기 가방은 스스로 관리하게 해주세요. 매일 규칙적으로 학교,

학원 가방과 책상을 정리하는 시간을 갖는 것은 생각보다 훨씬 더 아이의 학교생활을 편안하게 만든답니다. 학교 가방, 학원 가방을 정리하는 것은 어제 배웠던 것과 오늘 배울 것을 생각해보는 자연스러운 기회가 되거든요. 또 가방을 정리하다가 학교, 학원에서 받은 가정통신문을 아이가 먼저 읽어본 후 내용을 부모님께 말로 전달하게 하는 것도 틈새 독해력 향상 전략입니다. 성인을 대상으로 한 안내문을 잠깐이라도 꾸준히 읽다 보면 새로운 어휘를 접하게 되는 건 물론이고요. 우리 학교, 사회의 전체적인 시스템을 이해하고 알아가는 기회가 될 거예요. 뭐가 됐든 성공 후의 폭풍 칭찬은 기본입니다. 실패했다면 포기하지 말고 무조건 다시 도전하도록 일으켜주는 것도 잊지 마세요.

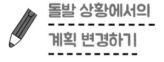

돌발 상황에서의 계획 변경하기

때때로 닥칠 수 있는 일상의 갑작스러운 상황을 기회로 여기세요. 반복되던 일상이 계획대로 진행되지 않을 때는 지금 우리 아이가 상황 대처 능력, 감정 조절 방법, 자제력, 융통성, 순발력을 성장시키는 매우 유익한 경험을 하는 중이라는 것을 기억해주세요. 살다 보면 계획했던 일이 뜻대로 되지 않을 때가 많다는 걸 우리는 경험을 통해 잘 알지만 아이들은 아직 그렇지 못하거든요. 갑작스러운 일상의 변화에 따른 스트레스, 계획대로 되지 않을 때의 절망감, 노력했으나 원하던 목표를 달성하지 못했을 때의 당혹감 등의 부정적인 감정도 자연스러운 일상의 한 축임을 깨닫게 해주세요.

친구와 놀기로 했는데 친구에게 연락이 없다든지, 학교 준비물을 깜박 잊고 집에 두고 왔다든지 하는 예상치 못한 문제가 일어났을 때 이를 해결하기 위해 고민하고 적절하게 주변에 도움을 요청하는 경험을 통해 더욱 유연하고 능동적인 사고를 할 수 있게 됩니다. 깜박 잊고 아이가 준비물을 챙겨가지 못했다면 그 또한 아이에게 새로운 경험을 제공했다는 위안으로 삼아도 괜찮습니다. 그 상황에서 어떻게 대처했는지 그 순간 어떤 생각을 했고 어떤 교훈을 얻었는지에 대해 짧게라도 대화를 나누고 아이의 대처 방법을 칭찬해주세요.

실전, 학교가 좋아지는 아이 습관 만들기

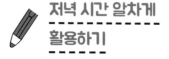

저녁 시간 알차게 활용하기

학원, 숙제, 공부, 저녁 식사가 모두 끝난 시간을 활용해보세요. 이때는 알람을 적극적으로 활용하면 좋습니다. 예를 들어 6시 10분에 알람이 울리면 학교나 학원 숙제를 하는 시간, 9시 알람에는 이를 닦고 온 가족이 모두 책을 30분 이상 읽는 고정적인 시간이지요. 책 읽는 시간은 최소 20, 30분 정도는 되어야 내용에 몰입할 수 있기 때문에 일정한 시간 확보가 중요합니다. 아이가 책의 재미를 느낄 수 있게 됩니다.

이때 또 한 가지 중요한 것은 아이의 체력을 고려해 생활 리듬을 잡아야 한다는 것입니다. 기초 체력이 없으면 짜증이 심해지고 집중력이 저하되므로 잘 먹고 특히 충분히 잘 수 있도록 도와주는 게 기본입니다. 아침이 하루의 시작이 아니라 잠자는 시간이 하루의 시작입니다. 아이들의 수면을 지켜주는 것이 아이들의 편안한 학교생활의 시작입니다. 늦게 자면 자율신경계가 망가지고 쉽게 피곤해하며 학교에서도 무기력하기 쉽습니다. 이런저런 이유로 늦게 잠들고, 다음 날 늦잠을 잤음에도 피로가 풀리지 않아 온종일 피곤함에 힘들어하는 친구들이 교실 안에는 정말 많습니다.

초등부터
시작하는 똘똘한
경제 교육

초등 3학년 첫 사회 수업 시간, '인간에게 가장 필요한 것, 꼭 있어야 하는 것은 무엇인가?'라는 질문에 많은 아이가 당연하다는 듯 '돈'이라고 대답해서 놀란 적이 있었습니다. 의도했던 정답은 생명을 유지하며 기본적인 생활을 할 수 있게 해주는 '의식주'였지만 예상은 보기 좋게 빗나갔지요. 사실 의식주도 결국 돈을 통해 유지될 수 있으니 아이들의 생각이 틀린 것만은 아닌 것 같아요.

요즘 아이들, 돈에 관심 엄청 많습니다. 장래 희망이 의사, 유튜버인 이유가 돈을 잘 벌기 때문이라는 이야기를 서슴없이 하는 것이 요즘 평범한 초등학생이더라고요. 애들 탓만 할 수도 없는 것

실전. 학교가 좋아지는 아이 습관 만들기

이 우리 아이들이 자라고 있는 대한민국에서는 너도나도 점점 돈이 최고라며 돈을 많이 벌기 위해 경쟁하는 게 씁쓸한 현실이랍니다. 물질적인 풍요로움에 익숙해진 아이들의 모습이 걱정스러운 부모가 애써 돈에 대한 경험을 늦추고, 돈의 부정적인 측면을 강조하며, 경제권을 통제하며 필요한 것을 직접 사다 주는 등의 노력을 하고 있지만 오래 가기 어렵습니다. TV만 틀면 연예인 수입 얘기가 쏟아져 나오고, 좋아하는 유튜버들이 경쟁하듯 수익을 공개하면서 기뻐하는 모습을 보며 자라온 아이들이거든요.

아이들이 일상에서 자연스럽게 느끼는 돈에 대한 욕망, 부러움, 물질만능주의를 완전히 차단하는 일은 불가능하며 그럴 필요도 없습니다. 피할 수 없는 상황이라면 적극적인 교육의 기회로 삼는 것은 어떨까요? 용돈을 통해 작은 규모의 경제활동을 경험해보면서 어른이 된 후의 경제활동에서 만날 수 있는 문제 상황을 미리 극복하고 해결할 기회를 주는 것이죠. 돈이 전부는 아니지만 돈은 생활에서 매우 중요하다는 사실을 아이들과 충분히 공감하고 관련된 다양한 경험을 통해 경제적인 면에서도 스스로 결정하고 판단하는 습관을 지닐 수 있도록 부모가 먼저 알고 도와야 해요.

우리 아이들은 돈과 관련된 충분한 경험을 하고 있을까요? 부모도 아이도 오직 돈을 많이 벌고 쓰는 것에만 관심이 있지는 않나요? 돈과 관련된 경험은 아이들이 했던 유일한 활동인 소비 말고도 다양합니다. 용돈 관리, 저축, 투자, 수입, 기부, 대출, 대여 등 아직 아이들이 경험하고 있지는 않지만 이미 많은 선진국의 친구들에게 일상이 된 경험들이 우리 부모에게 과제로 남아있습니다. 내 앞에 놓인 수많은 물건 가운데 무엇을 선택하여 소비하는 것이 나에게 만족스러운 결과를 가져오는지, 이를 위해 어떤 과정을 거쳐야 하는지를 알아야 합니다.

당연히 돈의 부정적인 영향과 돈의 다양한 활용에 대한 교육도 필요하겠죠. 이런 교육이 선행되지 않고 어른이 된다면 아이들은 경제적인 문제에서 좌절과 실패를 경험했을 때 스스로 회복하지 못하고 주저앉거나, 부모나 다른 사람의 도움에 의지하며 자립하지 못하는 모습을 보여줄지도 몰라요. 유대인들은 12세가 되면 성인식이라는 큰 파티를 열어주고 큰 목돈을 주어 어린 나이부터 은행 계좌, 주식 등을 관리하고 기부하게 하면서 일찍부터 돈의 힘을 가르쳐준다고 해요. 우리 아이들이 열심히 공부만 하다가 20대가 넘어서야 경제의 정글 속에 던져지면서 괴로워지는 반면 유대인 아이들은 돈을 모아서 굴리고 사용하는 방법을 익히고 스무 살이 되기 전에 경제적인 기반을 갖고 시작하는 거예요. 공부 잘해서 좋은 대학 가고, 취업 잘 되고 나면 아이의 독립이 완성되는 게 아니고요. 자기의 돈을 규모 있게 관리하는 경제 지능을 길러주는 것이 스스로 자립할 수 있는 바탕을 다지는 일입니다.

초등 경제 교육은
용돈에서 시작합니다 (관리, 지출, 저축 영역)

아이들 용돈을 줘야 할까요, 말아야 할까요? 경제와 관련하여 아이들에게 줄 수 있는 가장 중요한 경험은 '용돈'입니다. 무조건 주세요! 하지만 용돈 사용 기본 원칙도 세워주세요. 처음 시작하는 단계, 즉 미취학이거나 저학년 친구라면 용돈 주기를 매일 혹은 일주일 정도로 짧게 할수록 좋고요. 가족이 함께 의논하며 사용방법을 결정해주세요. 금액도 함께 적정선을 찾아보고 협의를 통해 결정하는 것이 좋습니다. 이 과정에서 아이도 용돈의 규모를 판단하는 연습을 할 수 있거든요.

반드시 지켜야 하는 것과 자율적인 것으로 구분하여 원칙을 세워주세요. 예를 들면 기부 10%, 저축 30%, 나머지 금액에 대한 사용은 자율에 맡기는 방식입니다. 특정한 사유로 일정 금액 이상의 큰돈이 필요한 경우는 별도의 협의가 필요하겠지요. 협의 후, 가족 모두가 서명한 합의서는 냉장고 등 잘 보이는 곳에 붙여두면 좋아요. 물론 처음부터 잘 지켜지지는 않을 거예요. 하지만 시간이 지나면서 이 규칙이 자기에게 이득이 되는 방법이라는 것을 스스로 깨달을 수 있을 때까지 용돈 제도를 유지해주세요. 이 규칙을 정하고 바꾸는 과정에서 아이는 자기주장을 하는 방법과 토론하는 능력까지도 얻게 된답니다. 용돈 교육 초기에는 부모의 개입이 필요하지만 부모의 기준으로 아이의 용돈 사용을 제재하는 건 절대 금물입니다. 용돈 중 자율권을 허락한 500원으로 매일 사탕 뽑기를 한다면? 괜찮습니다! 다만 그 돈을 차곡차곡 모았을 때 어떤 일이 일어나는지에 대해 설명을 해줄 수는 있겠죠. 일단 용돈을 주었다면 아이 스스로 용돈의 사용처와 범위를 정하도록 기회를 주어야 합니다. 이 자율성 안에서 아이는 자신의 판단에 대한 책임과 상황에 알맞은 용돈 사용 결정 등을 자연스럽게 익힐 수 있습니다.

초등 중학년 정도가 되면 사용 전에 예산을 세워보고, 용돈 기입장을 적어 용돈 사용의 흐름을 파악하면서 관리하도록 해주세요. 용돈 기입장을 적는 것이 반복되면 아이는 자신의 소비 습관을 스스로 파악할 수 있고, 용돈의 흐름을 예측하며 합리적인 소비 생활을 할 수 있는 중요한 경험을 하게 됩니다. 하지만 꼼꼼한 관리가 힘들고 글쓰기를 싫어하는 아이에게 용돈 기입장을 강요하면 '차라리 용돈을 받지 않겠다'라며 모든 걸 거부해버릴 수 있으니 지나친 강요는 금물입니다.

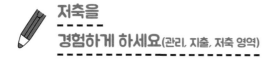

저축을 경험하게 하세요 (관리, 지출, 저축 영역)

설날 세뱃돈, 어떻게 관리하고 있나요? 아이에게 큰돈이 생기면 다짜고짜 무조건 저축해야 한다고 강요하고 있지는 않나요? 강요보다는 저축해야 하는 목적을 정확하게 세우고, 성취감을 느낄 수 있도록 실천에 옮길 수 있는 길을 보여주세요. 그냥 신나게 써버릴 수 있는 큰 액수의 돈이 몇 년간 모이면 얼마나 대단한 목돈이 되는지를 아이와 마주 앉아 계산기를 두드리며 설명해주세요. 미래를 준비하거나, 내가 목표하는 바를 이루기 위해 용돈을 저축하는 것이라는 거창한 설명 대신 겨우 초등생인 내가 열심히 저축한다면 이렇게 큰돈을 가질 수도 있다는 사실을 깨우치게 해주세요. 요즘 아이들의 돈 좋아하는 성향을 교육에 활용하는 거죠.

집에서 가장 가까운 은행에 아이 명의로 통장을 개설해주세요. 요즘은 재미있는 별명을 설정할 수 있어서 아이에게 직접 통장 별명을 짓도록 해주면 즐거워한답니다. 평일에 어렵다면 주말에 잠시 들러 ATM 기계라도 좋으니 얼마씩 꼬박꼬박 입금하면서 통장에 찍힌 잔액을 확인하게 해주세요. 열심히 모은 돈이 목표액에 도달하면, 혹은 목표 나이에 도달하면 큰돈으로 무얼 하고 싶은지 수시로 진지하고 설레는 대화를 나눠보세요.

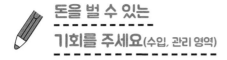

돈을 벌 수 있는
기회를 주세요 (수입, 관리 영역)

용돈이라는 수동적인 수입만 있을 필요가 없답니다. 아이가 집에서 하는 모든 일이 돈을 벌기 위한 수단이 되어서는 안 되겠지만 직접 몸을 움직여 버는 돈의 의미를 알게 하려면 집안일만큼 적당한 것도 없습니다. 아이가 당연히 매일 해야 하는 일, 예를 들면 학교에 가고, 숙제하고, 밥 먹고, 맡은 집안일을 하고, 하기로 했던 공부를 하는 등의 일은 돈으로 환산될 수 없지만 부모님 안마하기, 온 집 안 청소기 돌리기 등 아이의 영역이 아님에도 기꺼이 할 수 있는 것들을 몇 가지 정해 힘들여 돈을 벌 수 있게 해주세요. 힘들긴 하지만 노동의 대가로 돈을 벌 수 있다는 평범한 진리를 깨달아가는 생생한 가르침이 된답니다.

실전, 학교가 좋아지는 아이 습관 만들기

독일의 경제 교육

독일은 유럽연합 회원국 중 경제 규모 1위 국가이자 미국, 중국, 일본에 이어 세계 4위의 경제 대국입니다. 이런 국가적 기반 형성에는 경제 조기 교육이 큰 역할을 했습니다. 독일 부모는 초등학교 때부터 아이에게 용돈을 지급하는데 이때 용돈 지출에 대해 일절 관여하지 않으며 자녀 스스로 용돈을 관리하고 그 안에서 돈의 소중함과 경제 개념을 스스로 깨닫게 합니다. 독일의 전문가들은 4~5세 아이들에게도 50센트 정도의 용돈을 지급하라고 권장합니다. 초등 중·고학년 정도 되어야 용돈 교육이 시작되는 우리와 대조적입니다. 또한 '꾸준히, 정해진 날짜에 정해진 금액을 정확하게 지급하되 만약 다음 용돈 받는 날 전에 용돈이 바닥났다면 아이와 함께 다음에는 어떻게 이런 일을 방지할 수 있는지 방법을 토론하라'라는 조언도 덧붙이고 있습니다.

용돈을 통한 경제 조기 교육은 플로마르크트(Flohmarkt, 이하 벼룩시장)에서 보다 직접적으로 적용됩니다. 독일의 오랜 생활문화로 정착한 이 벼룩시장에는 어린아이나 학생들도 자유롭게 참여할 수 있으며 주로 어릴 때 사용했던 장난감, 게임, 책 등을 가지고 나옵니다. 어린 판매자들은 소중했던 자신의 물건을 판매하며 지난 추억을 돌아보고 물건에 대한 새로운 가치를 자연스레 알아갑니다. 또한 그곳에서 다양한 사람들을 만나고 가격을 흥정하며 돈의 가치와 용도에 대해 터득하게 되고요. 독일의 부모는 이러한 과정이 단순한 용돈 벌이나 물질적 이유가 아닌 창의적인 사고를 통해 화폐의 가치를 창출하고 다른 이들과 소통하는 교육이 되길 의도하고 있습니다. 현재 우리나라 초등교육과정 중 2학년 통합교과에도 벼룩시장 형태의 '알뜰시장에서 물건 사고팔기'라는 단원이 등장하는데요. 교실에서의 수업이나 활동으로 끝나지 않고 사회 전체적인 흐름으로 확대되었으면 하는 바람이 있습니다. 학교 전체 교육행사로 운영하는 학교가 늘어나면서 우리 초등학생들의 경제 교육에 큰 몫을 해주고 있습니다.

핀란드 ←

　핀란드의 교육 역시 공동체의 가치를 중요하게 생각합니다. '남보다 더'를 가르치는 경쟁 교육이 아니라 친구들을 하나의 공동체로 받아들여 더불어 성장하는 교육을 목표로 합니다. 학생들은 자신의 수준에 맞는 문제를 선택하고 그룹으로 토론합니다. 성적과는 상관없이 아이들이 수준별로 공부하기에 흥미를 유지할 수 있습니다. 잘하는 학생에게 관심을 쏟는 것이 아니라 못하는 학생을 격려하는 시스템입니다. 핀란드는 앞으로 수학, 물리, 역사 등의 과목 구분을 없애고 과거의 교육방식에서 벗어나 '코스'의 개념을 도입할 예정이라고 합니다. 디지털 사회에서는 교육 시스템도 달라져야 한다는 것입니다. 지식을 습득하고 암기하기보다 지식을 응용하고 사회와 소통하는 능력이 중시하는 교육은 4차산업 시대에 상당히 의미 있는 변화입니다.

⫟ 꾸중 대신 생각해볼 기회

핀란드 부모는 아이가 갖고 싶은 것이 생겼을 때 무조건 '안 돼!' 라고 하기보다 그 이야기에 끝까지 집중합니다. 이를 통해 성급하게 떼쓰는 것을 막고, 아이는 부모의 이야기를 경청하고 이해하게 됩니다. 만약 계속해서 소리를 지르는 등 통제가 어려워진다면 'short penalty'라는 방식을 사용하는데 일이 일어난 장소와 떨어져 조용한 곳, 자신의 방으로 자리를 옮긴 후 진정될 때까지 그곳에 앉아 시끄러운 마음을 가라앉히고 상황 자체를 생각해볼 기회를 준다고 합니다.

⫟ 추운 날씨 덕분에

핀란드의 겨울은 매우 길고 춥습니다. 추운 날 집에서 보내는 시간이 많다 보니 홈 인테리어도 남다릅니다. 이렇게 긴 겨울은 핀란드 아이들에게 독서라는 습관을 자연스레 길러주었습니다. 핀란드의 독서량은 세계 최고 수준이며 핀란드 아이들은 책을 읽고 동시에 토론하는 것이 습관화되어 있습니다. '예, 아니요'로 정해져 있는 단순한 대답이 아니라 책 내용과 자신의 경험을 연결지어 대답하고 마주 앉아 이야기하는 시간이 많습니다.

덴마크 ←

　덴마크 자녀교육의 핵심은 '자신의 선택과 결정'입니다. 덴마크 초등교육은 의무지만 초급학교, 사립학교, 자유 학교, 애프터 스콜레, 호이 스콜레 등의 다양한 형태가 있어 선택의 폭이 크다고 해요. 공교육을 선택하지 않으면 이상하게 생각하던 대한민국도 점차 사립학교, 대안학교, 홈스쿨링 등 다양한 형태의 선택이 존중받고 있어 반가운 마음입니다.

▶ 스스로 선택하니 즐겁다

　덴마크가 어떻게 행복지수 세계 1위의 국가가 되었는지 알려면 오늘날 덴마크 공립 · 사립학교의 정신적, 문화적 모태가 된 자유 학교의 정신을 이해해야 합니다. 덴마크 교육철학의 핵심인 '자유롭게'는 '즐겁게'와 긴밀하게 연결된 개념입니다. 안전이 보장된 자유로움 속에서 좋아하는 것을 스스로 선택하고 정해진 규칙 속에서 안정감을 느끼며 유쾌하고 즐거운 활동에 참여하는 것입니다. 자유의 다른 이름은 '스스로 선택하니 즐겁다'라고 합니다. 스스로 좋아하는 것을 선택하는 덴마크인들의 자유로운 일상은 초등학교 때부터 본격적으로 다져집니다. 덴마크에선 공부를 잘하는 것이 여러 가지 능력 중 하나일 뿐이라고 바라보기 때문에 아이들은 마음 편히 내가 무엇을 좋아하는지 탐색할 기회를 충분히 가질 수 있습니다. 성적의 높고 낮음과 관계없이 높은 자존감을 갖고 스스로 선택하는 즐거움을 누리는 데 중점을 두기 때문에 안정감이 확보된 자유를 누릴 수 있는 것입니다.

▌ 결국 변화는 아이의 몫

'학생들은 매우 다양하며 그들을 다 포함해야 한다'라는 전제에서 출발한 덴마크 교육이기에 아이들 개개인의 장단점을 파악하는 것을 중시합니다. 부족하고 못난 자신을 숨기기에 바쁜 것이 아니라 있는 그대로의 자신을 인정하고 존중받기에 든든한 믿음이 바탕이 된 '도전과 용기'가 발산될 수 있고, 개인의 선택을 통해 공동체를 경험하고 자신을 잃지 않으면서 새로운 것을 배우는 경험 속에서 높은 행복지수를 기록할 수 있었을 것입니다. 덴마크에

학교생활이 편안해지는 초등 매일 습관의 힘

서는 막 태어난 아이도 존중해야 한다고 말합니다. 학교에서의 존중 교육은 부모가 자녀를 교육하는 바탕이 되어 같은 흐름을 갖고 있습니다. 아이가 내 마음대로 되지 않는다고 화를 내거나 잔소리를 하지 않습니다. 부모의 생각을 말할 뿐 결국 변화는 아이의 몫이라고 생각하기 때문입니다. 그런 부모의 배려 속에서 아이는 존중과 함께 책임이 바탕이 되는 자유를 누리게 됩니다.

실전. 학교가 좋아지는 아이 습관 만들기

제 4 부

유형별로 알아보는 초등 매일 습관 만들기

성향별 매일 습관 만들기

교실 속 우리 아이, 어떤 모습으로 하루하루 생활하고 있을지 CCTV라도 설치해놓고 훔쳐보고 싶을 만큼 궁금하죠? 그래서인지 많은 어머님이 상담 주간에 교실에 들어서면서 가장 먼저 꺼내는 질문은 "저희 아이가 교실에서 어떤가요? 말을 안 하니 어떤지 알 수가 없네요"랍니다. 맞습니다. 아이는 자기에게 흥미 있었던 사건들 위주로만 몇 마디 하고 말기 때문에 아이가 하는 이야기만으로 아이의 학교생활을 파악하기란 너무도 어려운 일이지요. 또 아쉽게도 한정된 상담 시간에 비해 나누어야 할 내용이 많다 보니 우리 아이의 모습을 구체적으로 전해 듣지도 못하고 아쉬운 마음으로 돌아섰을 거예요.

궁금하고 불안하고 걱정되고 기대되는 우리 아이의 교실 속 모습을 짐작해볼 수 있도록 아이들의 성향별로 큼직하게 구분 지어 교실 속 모습, 길러줘야 할 일상 습관을 정리해보겠습니다. 우리 아이는 무려 서너 가지에 동시에 해당할 수도 있고, 어느 한 유형에도 딱히 들어맞지 않을 수도 있어요. 사실, 초등생 전체를 몇 가지 유형으로 구분 짓는다는 것 자체가 말이 안 되는 거지만 비슷하게 일부분이라도 아이의 어떤 성향과 들어맞는 구석이 있다면 아주 작은 도움이라도 드릴 수 있을까 싶어 열심히 고민하였습니다. 언뜻 해당되지 않아 보이는 모든 유형을 꼼꼼하게 확인하면서 아이의 일부 성향에 따른 특징을 파악해보면 도움이 될 거예요.

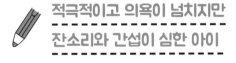

적극적이고 의욕이 넘치지만 잔소리와 간섭이 심한 아이

"학교에서 참 잘하는 아이인데, 주변 친구들이 가끔 버거워할 때가 있어요. 짝이 못하는 부분을 잘 도와주기는 하는데, 계속 잔소리를 하니 친구들이 싫다고 하는 경우도 종종 있네요."

"아이는 분명히 좋은 의도로 친구들에게 도움을 주고 싶고, 같이 잘하고 싶어서 그런 것 같은데 친구들이 감당할 수 있는 선을 자꾸 넘어요. 얼마 전에는 반 친구 엄마가 제게 전화해서는 우리 아이 때문에 그 친구가 스트레스를 받고 있다며 아이 행동에 신경 써 달라고 하시더라고요."

매사에 의욕적이고 뭐든 하고 싶은 아이가 있습니다. 수업 시간에 과제가 주어지면 공을 보고 달려드는 강아지처럼 신난 표정으로 결과를 만들어내기 위해 애쓰지요. 지루한 수업 시간을 축구 경기하듯 열심히 참여하는데 얼마나 예쁘고 훈훈할까요. 이야기만 듣고 보면 참 적극적이고 똑똑한 아이구나 싶어 부러운 마음이 들지도 몰라요. 똘똘하게 척척 해내는 모습을 보면서 '저 친구랑 같은 모둠이 되면 과제가 술술 해결되겠구나' 싶은 마음에 자유롭게 모둠을 정할 때가 되면 아이들 사이에서도 인기 최고입니다.

이런 성향의 아이는 대부분 학기초에 반 분위기를 주도하면서 학급 임원이 되는데요. 문제는 시간이 지날수록 점점 이 아이 때문에 힘들어하는 친구들이 스트레스를 호소한다는 것입니다. 열심히 하는 건 정말 좋은데 그만큼의 의욕, 능력, 속도가 따라주지 않는 모둠 친구들에게 끊임없이 잔소리와 훈계를 늘어놓기 때문이지요. 선생님께 와서는 "나는 열심히 하는데 친구들은 안 한다"

라는 불만을 자주 토로하고, 이런 모습이 보기 싫은 친구들은 잘난 척 한다며 점점 마음의 거리를 두기 시작한답니다.

이런 유형의 아이들은 대부분 가정에서도 똑 부러집니다. 부모가 신경 쓰지 못하는 상황에서도 큰 문제 없이 자기 일을 알아서 해결합니다. 언뜻 보기에는 우리가 바라는 스스로 판단하고 해결하는 힘을 가진 아이처럼 보이지만 초등 시기에는 균형이 중요합니다. 아무리 스스로 잘하는 아이들이라도 아직은 부모의 관심과 보살핌이 필요한 나이거든요. 이 아이들의 속마음을 들어보면 자신이 스스로 잘하는 것이 오히려 손해라는 생각을 하고 있어 내심 놀라게 됩니다. 또, 지금 받는 관심과 칭찬을 유지하기 위해 끊임없이 잘해야 한다는 강박에 시달리기도 하더라고요. 이런 마음 속의 어려움이 교실에서 함께 지내는 친구들에 대한 잔소리와 간섭으로 나타나게 되는 것이죠. 함께 했던 활동에서 기대한 결과가 나오지 않으면 그 원인을 친구들에게로 돌리는 행동을 보일 때도 있어요. 똑똑하고 인기 있는 아이가 모두 바람직한 관계를 맺고 있는 건 아니라는 것, 아는 친구들이 많다는 것이 곧 인간관계가 좋다는 것을 의미하는 게 아니라는 걸 생각해주세요. 아이의 친구 관계에 문제가 생겼다면 해결을 위한 출발점 역시 가정입니다.

유형별로 알아보는 초등 매일 습관 만들기

📝 아이의 스트레스를 인정해주세요

적극적이고 의욕적인 아이라도 나름의 스트레스가 있음을 인정해주세요. 잘하는 아이에게 잘한다는 칭찬을 꾸준히 아끼지 않아야 하고, 끊임없이 관심받고 있음을 보여줘야 해요. 때로 평소처럼 잘하지 못하더라도 여전히 너를 인정하고 지지하고 있음을 알게 해주는 일도 중요합니다. 이런 유형의 친구들이 가장 스트레스받는 상황은 부모님이 다른 형제에게만 관심이 있거나 너무 바빠서 나에게는 관심이 없다고 느낄 때입니다.

"동생은 수학을 잘 못 하니까 아빠가 매일 같이 공부하고 검사도 해주는데, 나는 잘하니까 혼자서도 할 수 있다고 그냥 알아서 하라고 해요."

"내가 사회 조사 과제를 하면서 같이 좀 찾아달라고 말했는데 너는 잘하니까 한번 잘 찾아보라고 하고 엄마는 청소를 계속했어요."

"오늘 치킨이 엄청나게 먹고 싶어서 말했는데, 평소에는 안 그러더니 왜 떼를 쓰냐고 혼났어요."

"부모님이 바쁘셔서 빨래를 개키고 정리해서 엄청 많은 칭찬을 받은 적이 있어요. 그런데 며칠 뒤에 왜 오늘은 정리를 안 했냐고 뭐라고 하시더라고요."

원래 잘하던 녀석이니 잘하는 게 당연해 칭찬 한 번 제대로 못

받다가, 한 번 실수라도 하면 꾸중을 듣습니다. 또는 어릴 때부터 야무져서 손이 안 가게 키운 아이라 손이 더 가는 동생이나 언니에게만 신경 쓰고 있는 건 아닌지도 점검이 필요합니다. 똘똘하게 잘 해내고 있는 아이의 스트레스를 인정하고 적극적으로 애써주세요.

🗒 담임 선생님께 확인이 필요합니다

이런 아이들은 학교에서 일어난 친구 관계 문제로 부모님과 상담을 하면 교사의 의도가 제대로 전달되지 않아 난감할 때가 종종 있어요. 가정에서 똑 부러지게 제 할 일을 잘 해내는 아이들이기 때문에 학교에서도 별다른 문제가 없을 거라 예상합니다.

"우리 아이는 집에서 크게 잔소리하거나 간섭하지 않아도, 자기가 할 일을 척척 하는 아이예요. 이런 아이가 학교에서 친구들과 문제가 있다는 걸 인정할 수가 없네요. 친구들이 우리 아이를 시기하거나 질투해서 그런 말을 하는 게 아닐까요? 스스로 잘하고 있는데 왜 그게 문제가 되는지 모르겠습니다."

답답한 마음도 이해하지만 실은 많은 교사가 겉으로 확연히 드러나는 문제행동을 가진 아이들보다 이런 성향의 아이들 학부모

유형별로 알아보는 초등 매일 습관 만들기

상담에 애를 먹고 있답니다. 우리 아이가 적극적이고 주도적인 성향을 가지고 있다면 담임 상담 시에 꼭 한 번 확인해주세요.

"저희 아이가 혹시 친구들에게 지나치게 간섭하고 잔소리를 하고 있지는 않나요?"

📒 과정을 칭찬해주세요

우리는 아이가 시험, 운동, 대회 등에서 좋은 결과를 내면 칭찬을 합니다. 칭찬을 아이가 성장하는 데 꼭 필요한 것입니다. 하지만 결과만 가지고 칭찬해주면 아이는 과정보다 결과에 연연하게 되고, 이런 행동이 반복되면 친구들 사이에서도 좋은 결과를 위한 잔소리와 간섭이 심한 아이가 될 수 있습니다. 모둠별 활동을 할 때마다 오직 다른 모둠보다 더 빨리, 더 잘하는 것이 목표가 되어 친구들을 몰아붙이는 친구들 때문에 교실은 오늘도 투닥거립니다. 열심히 성실히 했다면 그 과정을 높이 평가하고 칭찬해주세요. 또 이런 성향의 친구들은 꼼꼼함이 부족한 경우가 있는데요. 상대적으로 내면을 가꾸는 일에 공을 들여야 합니다. 평소에 친구들과 몰려다니며 놀기 좋아하기 때문에 가정에서 보내는 시간만큼은 독서 등 정적인 활동을 충분히 가질 수 있게 해주세요.

📋 예쁜 말을 연습하게 하세요

여럿이 함께하는 활동을 할 때는 내 생각을 말하는 것과 함께 친구들을 격려하는 말을 할 수 있도록 합니다. 평소 집에서도 가족들에게 "잘했어. 정말 멋진 생각이야" 같은 말을 서로 주고받을 기회가 많아야 합니다. 부모가 먼저 아이에게 배려와 격려의 말을 많이 해주세요. 아이가 가족들과 주변 사람들에게 배려와 격려의 말을 많이 할 때, 부모는 그 상황을 놓치지 않고 칭찬하여 아이에게 배려의 말을 하는 습관을 기르도록 합니다. 누구나 할 수 있는 쉬운 방법인 것 같지만 말은 끊임없는 연습을 통해 자연스럽게 나온다는 점을 명심해주세요. 부모의 말투를 그대로 따라 하는 아이의 모습을 보면 절절히 느낄 수 있을 거예요.

📋 공감도 연습하면 늘어요

친구들의 마음을 폭넓게 배려하는 아이로 키워주세요. 앞에서 이끄는 친구들은 다른 친구에게 끌려다녀본 적이 거의 없어서 주도하지 못하는 친구의 심정을 헤아리기가 쉽지 않아요. 때로 '모두가 나를 좋아하고 모두 이 의견에 동의하고 있다'라고 착각하기도 하고요. 이런 행동이나 생각이 심해지면 원치 않는 사이 학교폭력의 가해자가 될 수도 있으니 평소 함께 노는 친구들의 마음을 폭넓게 배려하는 연습이 필요합니다. 주도적으로 무리를 이끌어

유형별로 알아보는 초등 매일 습관 만들기

가는 친구는 다른 친구들의 의견을 묻고 상의하는 과정을 낯설어 할 수 있어요. 언제나 뜻대로 했었기 때문이지요. 마음대로 주도하고 싶은 마음을 내려놓고 친구들과의 대화를 통해 결정하고 친구들의 의견도 충분히 반영하는 리더일 때 오랜 인기를 지속할 수 있다는 것을 대화로 알려주세요.

주목받고 싶은 욕구를 충분히 채워주세요

전형적인 리더형인 이런 친구들은 나서고 싶고 주목받고 싶은 욕구를 충분히 채워주는 것이 기본입니다. 때로 성향이 다른 부모 입장에서는 아이의 이런 모습이 '나대는' 것으로 느껴져 부끄러워하고 끊임없이 제지하기도 하지만 행동은 쉽게 달라지지 않으면서 자존감에 상처를 줄 뿐입니다. 교실 등의 단체 속에서 인정받고 싶은 마음도 있지만 한편으로는 사랑하는 가족, 부모님께 인정받고 싶은 욕구도 강할 거예요. 타고난 성향을 인정하고 자신감 있게 행동하는 아이의 모습을 사랑스러운 눈길로 바라봐주세요. 우리의 목표는 완벽한 아이로 만드는 게 아니거든요.

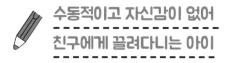

수동적이고 자신감이 없어
친구에게 끌려다니는 아이

"착해 빠져서 속이 터져요. 친구들이 하자는 대로만 하고, 싫어도 내색도 못 하다가 집에 와서는 동생한테 소리 지르는 모습을 보면 얄미워 죽겠어요. 집에서는 온종일 종알거리면서 수업 시간에는 발표 한 번 하지 않더라니까요. 공개 수업 때 한 시간 내내 고개를 숙이고 있는 아이를 보고 있자니 어찌나 속이 상하던지요."

 수동적이고 소극적인 우리 아이가 친구들끼리 놀다가 손해를 보고 끌려다니는 모습을 보면 부모의 속은 있는 대로 답답해집니다. 친구는 물론 동생들에게도 장난감을 빼앗기기 일쑤고, 본인이 하고 싶은 놀이가 따로 있으면서도 친구가 하자는 대로 따라 하다가 나중에 울먹이기도 하며, 공주 놀이를 할 때는 매번 시녀 역할입니다. 학교에서도 사실 크게 다르지 않을 거예요. 쉬는 시간의 놀이에서, 모둠 활동 중에도, 학급 회의 시간에도 대부분 꿀 먹은 벙어리인 채로 있다가 하고 싶은 게 있어도 말하지 못하고 친구들이 하자는 대로 따라가는 것이 이런 유형의 친구들입니다.

 이런 우리 아이가 '학교에서 자기 의사 표현을 제대로 하고 있는지, 적극적이고 드센 친구들 사이에서 잘 지낼 수 있을지, 저러

유형별로 알아보는 초등 매일 습관 만들기

다가 학교 가기 싫다고 울먹이기라도 하면 어떡하지'라는 생각에 걱정스러운 부모는 잠이 오지 않습니다. 학부모 상담 주간이면 이런 내성적인 성향을 지닌 아이의 부모님들께서 걱정 가득한 얼굴로 교실 문을 열고 들어오신답니다.

타고난 성향이 큰 부분을 차지하는 것은 사실이지만 아이의 지금 모습은 언제나 무한한 발전의 여지가 있으므로 섣불리 단정 짓지 말고 함께 노력했으면 합니다. 전반적으로는 소심하고 수동적일 수 있지만 분명히 아이 성향 중 어딘가에 친구들보다 적극성을 가진 부분이 있기 때문이에요. 그걸 아는 유일한 사람이 부모이며, 이런 점을 학교생활에 반영하여 적극적으로 돕기 위해 담임 상담이 필요한 것입니다.

📋 싫을 땐 '싫어'라고 표현하는 연습

친구의 의견에 끌려다니는 아이는 내가 거절하거나 싫다고 표현하면 친구가 상처받거나 화를 낼까 봐 그렇게 말하지 못하는데요. 이는 상대방을 지나치게 인식해서 하는 행동입니다. 성장하면서 이런 모습은 자연스럽게 조금씩 줄어들겠지만 원하지 않는 것이 있을 때 '싫어'라고 말하는 것이 꼭 잘못된 행동은 아니라는 것을 수시로 이야기해주세요. 더불어 원하는 것을 적극적으로 표현하지 않으면 결코 원하는 것을 이룰 기회조차 생기지 않을 수 있다는 것도 일러줘야 합니다. 혹시나 본인의 의견이 거절당할 수도 있지만 이는 아이가 잘못하거나 틀려서가 아니라 세상 사람 모두가 원하는 것이 각자 다르기 때문이라는 사실도 잘 알려주세요. 이렇게 조금씩 연습하고 이야기를 나누다 보면 앞으로 학교생활 전반에 필요한 최소한의 적극성과 주도성은 갖출 수 있게 됩니다.

아이의 모습에 조급해하면 실패합니다

소심하고 내성적인 성향의 아이를 키운 부모들만이 가진 놀이터에서의 비슷한 기억이 있습니다. 뒤에서 다들 기다리고 있는데 미끄럼틀 위에 서서 마냥 망설이고 있는 아이, 그 모습이 답답해서 얼른 내려오라고 소리치는 엄마. 한 번만 성공하면 그 이후로는 언제 그랬냐는 듯이 미끄럼틀을 잘 타는 아이지만 시작은 쉽지 않았을 거예요. 이런 성향이 있는 아이에게는 이 아이만의 속도가 필요합니다. 무조건 성공하게 하겠다고 너무 쉬운 과제를 주는 것도, 빨리 변하기를 바라는 마음에 너무 많은 양의 과제를 주는 것도 꾹 참아야 합니다. 조금만 더 마음을 굳게 먹으면 마음속 걱정과 공포를 없앨 수 있을 정도의 과제를 끊임없이 제공해야 하는데 그 과제의 수준과 양을 가장 잘 아는 사람은 바로 부모겠지요. 우리 아이의 열쇠는 부모가 갖고 있어요.

179

📓 아이의 관심이 어디에 있는지 찾아보세요

평소 부끄러움이 많고 소극적이던 아이도 자신 있고 흥미 있는 몇 가지 분야에 대해서만은 누구보다 자신감 넘치고 적극적일 수 있습니다. 2학년 담임을 할 때 말수 적고 조용조용하던 한 아이의 주변에 친구들이 벅적거리며 모여 있었어요. 웬일인지 궁금해서 가보니, 그 아이가 접어준 색종이 개구리를 받고 싶은 친구들이 줄을 서서 기다리고 있더라고요. 평소에 자리에 앉아 종이접기, 색칠하기, 그리기를 즐기던 아이였는데 결국 개구리 덕분에 우리 반 최고가 되어 친구들의 부러움과 마음을 얻었답니다. 우리 아이가 어떤 분야에 관심이 있고 어떤 것을 할 때 자신감이 넘치는지를 알아내는 것은 부모인 우리의 숙제입니다. 그것을 알아내기 위해 다양한 경험과 체험학습, 여행을 하고, 책을 골라보게 하고, 전에 없던 새로운 장소에서 아이의 모습을 관찰하는 것이죠.

하지만 억지 경험은 독이 됩니다. 소심한 아이를 적극적으로 바꿔주고 싶다는 이유로 억지로 웅변학원을 보내거나 담력을 길러준다고 군대체험에 보내는 등 아이 의지가 빠진 과한 경험은 부모님에 대한 부정적인 감정만 키울 뿐 아이가 자연스럽게 세상을 향해 발을 딛는 일에는 독이 될 수 있으니 주의해야 해요.

180

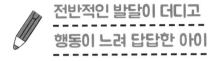

전반적인 발달이 더디고
행동이 느려 답답한 아이

"걸음마부터 시작해 말하고 한글을 떼는 등 모든 성장이 느렸어요. 성장만 느린 게 아니라 평소 행동도 엄청 느려서 교실에서의 속도를 잘 따라가고 있는지 늘 걱정이에요. 친구들이 다 끝내놓고 놀고 있을 때 혼자만 못 끝내서 마무리하느라 고생했다는 얘기도 종종 하더라고요. 밥 먹는 것도 느리고, 하다못해 등교할 때도 시간이 오래 걸려요. 일기 한 편 쓰는 데 한 시간씩 걸리기도 하니 옆에서 봐주다가 지쳐서 소리 지르며 화낸 적이 한두 번이 아니에요."

또래와 비교해 발달이 느린 편이며 끝내야 할 과제를 시간 안에 해내지 못하는, 행동마저 느린 아이를 보면서 답답한 적이 있나요? 도대체 누굴 닮아서 저런지 이해가 안 됩니다. 커가는 내내 엄마의 인내심을 시험했던 느리고 서툰 아이는 학교생활을 걱정하지 않을 수 없게 만들고요. '유치원에서, 학교에서 수업을 못 따라가면 어쩌지? 이러다 친구들한테 무시당하는 건 아닐까? 못 따라잡고 계속 뒤처지면 어쩌지?' 밤잠을 설치며 고민합니다.

소아 정신과 신의진 교수는 저서 《현명한 부모는 아이를 느리게 키운다》에서 또래와는 달리 발달이 느린 친구들은 'Late

181

bloomer(늦게 꽃피는 아이)', 즉 뒤늦게야 자신의 능력을 발휘하는 아이일지도 모른다고 표현하는데, 우리가 잘 알고 있는 에디슨, 아인슈타인, 처칠도 여기에 속합니다. 그들은 학교에서 좋지 않은 성적을 받거나 학교를 그만두기도 했지만 자신만의 속도로 성장했으며 결국엔 인류에 길이 남을 업적을 남겼지요. 이들에게 또래와 같은 속도만을 강요했거나 앞으로 나아가기를 포기해버렸다면 과연 그들이 우리가 알고 있는 모습으로 성장할 수 있었을까요? 이들 곁에는 아이를 믿고 잠재력을 발휘할 수 있을 때까지 도움을 주고 충분히 기다려준 부모가 있었습니다. 우리 아이도 결국 자신의 속도로 뜻한 바를 해내고야 말 것입니다. 여유를 가지고 아이가 커가는 과정을 지켜보는 노력이 필요합니다. 많은 경우 이런 고민은 시간이 해결합니다. 아이가 어릴수록 몇 개월 정도라는 짧은 기간 동안 놀랍도록 성장하여 '그때 내가 쓸데없는 걱정을 했구나, 때가 되면 이렇게 하는 것을' 하며 피식 웃게 됩니다.

📝 너무 높은 목표를 제시하고 있지는 않은지 점검해주세요

목표를 아이의 수준에 맞게, 때로 훨씬 더 낮은 정도로 조정해주세요. 또래보다 늦은 친구들은 성공의 경험이 상대적으로 부족할 수밖에 없습니다. 높은 목표는 도망치고 싶은 마음이 들게 합니다. 우리의 욕심으로 조금 느릴 뿐인 아이를 아예 할 수 없는 아이로 만드는 건 아닌지 돌아봐야 해요. 학교 과제를 힘들어한다면 담임 선생님의 도움이 필요합니다. 아이의 상황과 수준을 솔직하게 말씀드리고 도움을 청해보세요. 오늘의 숙제는 4페이지인데 1페이지만 해서 가기, 일기를 10줄 이상 써야 할 때는 7줄 정도만 써보기 등의 방식으로 조율해 아이의 수준에 맞게 과제의 난이도와 양을 조정해달라고 부탁드리면 된답니다.

할 수 없다고 생각되는 과제를 만났을 때 보내는 다양한 신호를 감지해야 합니다

때로 아이는 할 수 없다고 생각되는 과제를 만났을 때 소리 지르며 화를 내거나 하기 싫다고 짜증을 내거나 머리나 배가 아프다고 할 수도 있습니다. 해내고는 싶으나 어려울 것 같은 과제 앞에서 자기만의 방법으로 표현하는 것이죠. 이때 "이 정도도 못 한다고? 너무 쉬운데?" 같은 아이를 무시하는 반응은 최악입니다. '쉬운 것도 못 하는 사람'이라는 부정적인 자아상만 커질 뿐 과제를 해결하는 데 어떤 도움도 되지 않아요. 아이의 신호를 감지했다면 '우리는 언제든 너를 도와줄 수 있으니 걱정하지 마. 마지막으로 혼자 한 번만 더 시도해보고 그래도 안 되면 함께 고민해보자"라는 반응을 보여주세요. 똑똑한 아이였다면 단번에 이해하고 행동으로 옮겼을 법한 일이지만 내 아이에겐 아직 그게 버거울 수 있어요. 단번에 이해하지 못하는 아이에게 더 쉬운 예를 들어 설명하고 행동으로 풀어서 설명해주는 일은 느린 아이를 키우는 부모의 가장 중요하면서도 가장 어려운 일입니다.

📝 진행 과정 전체를 연습해보는 것도 도움이 됩니다

아이가 무엇부터 시작해야 할지 몰라 시작을 못 하고 있다면 계획을 세우고 순서를 정하고 체크리스트를 만들어 하나씩 해나가는 프로세스를 처음 몇 번 함께 해주세요. 몇 번의 경험 후에는 아이가 직접 시작해볼 수 있도록 지난 경험을 되새기는 과정을 함께 해주세요. 우리 친구들에게는 오랜 시간 큰 노력을 들이는 것보다 쉽고 빠르게 성공할 수 있는 작은 성공 경험이 많이 필요합니다. 오랜 기간이 요구되는, 범위가 넓은 과제일 경우 단계를 세분화하고 순서를 정해 하나씩 해결하는 과정에서 성취의 기쁨을 누릴 수 있도록 진행 과정을 잘 보이는 곳에 붙여놓아 주세요. 과정이 계획대로 진행되고 있는 모습 자체에서 성취감을 느낄 수 있도록 해주면 도움이 됩니다.

📝 지치지 말고 끝까지 힘내세요

우리 아이가 과제를 완성하는 데는 수일 또는 여러 주가 걸리는데, 비슷한 수준의 과제를 또래 친구들은 하루 이틀 만에 끝내기도 할 거예요. 이때 부모는 자존심 상한 마음을 꾹 누르고 해낼 때까지 태연한 척 기다려야 해요. 쉽게 지치지 말고 끝까지 에너지를 유지해야 한답니다. 아이는 결과물을 얻기까지 시간과 노력이 많이 드는 탓에 도전하는 일 자체를 꺼릴 수도 있어요. 오랜 시간 힘들게 했지만 결과물은 대부분 자신과 부모님의 기대에 미치지 못하기 때문이지요. 이런 아이를 달래고 설득하고 혼내가며 성장을 돕는 일은 절대 쉽지 않아서 아이보다 부모가 먼저 지칠 수 있어요. 여유로 무장한 단단한 마음으로 쉽게 지치지 말고 긴 페이스를 위해 호흡을 조절하는 일이 가장 중요하답니다. 우리가 항상 너를 응원하고 있으며 네 곁에서 도울 거라는 끊임없는 격려를 속삭여주세요. 어떤 일을 할 때 나를 지켜보며 지지해주는 누군가가 있는 것과 아무도 없이 온전히 자기 혼자의 힘으로 나아가야 한다는 것은 아이의 마음을 달라지게 하지요. 자신도 마음에 들지 않고 답답하지만 언제 어디서나 너의 편이 될 거라는 부모의 한결같은 응원과 격려는 한 번 더 도전해보고 싶은 의욕을 가져다줄 거예요.

유형별로 알아보는 초등 매일 습관 만들기

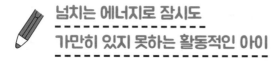

넘치는 에너지로 잠시도
가만히 있지 못하는 활동적인 아이

"뱃속에서 쉴 새 없이 움직여댈 때부터 심상치 않았는데, 아니나
다를까 어쩜 이렇게 잠시도 가만히 앉아 있질 않을까요?
수업 시간에도 산만하고 옆 친구와 떠들고 복도를 뛰어다니고 교실
에서 장난이 심해 거의 매일 선생님께 혼나는 것 같아요. 실내화를
몇 번째 잃어버렸는지 모르겠어요. 차분해졌으면 하는 마음에 주의
하라고 하고 책도 많이 읽어주는데 큰 효과가 없더라고요. 집중력
학원에라도 보내야 하는 걸까요?"

　잠시도 가만 앉아 있질 못하고 정신없이 흘리고 다니면서 덤벙
대는 아이를 보고 있으면 부모도 혼이 나갈 것만 같습니다. 머리
로는 이해한다고 하지만 매일매일 삶에서 부딪히는 순간은 결코
조금도 만만치가 않아요. 숙제해야 하는데 교과서를 안 챙겨오고,
기껏 준비해둔 학습 준비물은 홀랑 집에 두고 가고, 학원버스를
타야 할 시간을 못 챙겨 번번이 늦고, 툭하면 실내화를 잃어버리
는 아이. 참아보려고 해도 도저히 사람의 힘으로 마음을 다스리기
어려운 사고들이 매일 이어집니다. 흔히 산만하다고 하는 친구들
이라도 관심이 가는 대상에 대해서만큼은 강한 집중력을 보인다

는 특징이 있어요. 차분한 친구들에 비해 창의적이고 관찰력이 뛰어난 편이기도 하고요. 주변을 향한 강한 호기심을 보이지만 수업 시간, 일상생활에서 산만해 속을 태우는 친구들을 위한 일상 습관을 생각해봅시다.

📋 산만함을 보완해줄 장치를 적극적으로 설치해놓으세요

학교 가기 전 실내화 주머니를 두고 간 아들에게 화만 낼 것이 아니라 현관 앞에 실내화, 우산, 물통, 열쇠 등 챙겨야 할 물건의 목록을 큰 글씨로 아이가 직접 써붙이게 해주세요. 반대로 학교에서 챙겨올 물건은 손등에 직접 펜으로 적어두거나 알림장에 미리 적어가 그것을 보며 챙기는 습관을 갖게 합니다. 또, 집중할 수 있는 환경에 조금 더 신경 써주세요. 책장이 있는 책상보다 연필, 지우개 외에는 아무것도 없는 책상이 좋습니다. 산만한 성향의 아이는 작은 물건에도 마음을 뺏기기 때문에 눈앞에 많은 책과 학용품이 있는 형태의 책상은 되도록 피해주세요. 아이가 관리할 물건의 개수가 많으면 그 물건을 관리하는 것부터가 힘겹답니다. 꼭 필요한 것만 남기고 개수를 줄여주세요. 아이의 서랍을 열었을 때 각자 넣어줄 위치를 아이 스스로 정한 후 그 집을 찾아서 재워주기로 약속하는 형식으로 흥미를 더해주세요.

📋 느긋하고 차분한 부모의 모습을 접하게 해주세요

성급하고 덜렁대는 딸을 보면 하루 24시간이 부족할 정도로 무언가에 쫓기는 모습처럼 보일 거예요. 한 가지 일을 제대로 끝내기 전에 또 다른 일을 시도하고 결국에는 마무리 짓지 못한 일들이 늘어갈 수 있습니다. 부모는 이런 딸의 시간이 좀 더 천천히 흘러가도록 조절해줄 필요가 있습니다. 급하고 덤벙댄다고 나무라기보다는 부모 스스로가 여유롭게 일을 처리하는 모습을 보여주고 딸에게도 문제를 해결할 시간이 충분히 있음을 알려주는 게 도움이 될 수 있습니다. 또, 잠시도 가만히 있지 못하는 친구들이라면 의도적으로 정적인 시간을 갖는 것도 효과가 있습니다. 가만히 좀 있으라고 다그치는 것보다 가족이 모여 차분한 음악을 틀고 요가, 스트레칭, 명상을 하며 그런 분위기에서 책을 읽어주는 것이 좋습니다. 1분에서 시작하여 차츰 시간을 늘려가면 되고요. 아이가 떠들고 집중하지 못한다 해도 부모는 약속한 시간을 지키는 모습을 꾸준히 보여줘 어느 순간 아이가 따라 하도록 해주세요. 아이의 행동 하나하나에 반응하기보다는 함께했던 약속을 지키는 모습 자체가 아이에게는 훨씬 매력적일 수 있거든요.

📋 집중력 높이기를 게임으로 접근해주세요

5, 10, 15분 단위로 알람이 있는 주사위 모양의 시계를 두고 조

금씩 시간을 늘리면서 정해진 시간 동안 집중해보는 게임은 어떨까요? 약속한 시간 동안은 자리에 앉아 자기가 미리 정한 한 가지 일에만 집중하는 것이죠. 마치 나라는 아이가 스마트폰 게임 속의 캐릭터이며 그 캐릭터가 집중력 높이기 게임에서 승리한 것으로 설정하여 아이의 성취감과 흥미를 높여주세요. 처음에 5분이었던 제한 시간이 점점 늘어나면서 아이의 성취감과 집중력은 빠르게 성장할 것입니다.

📓 일정 사이사이에 여유로운 시간을 넣어주세요

할 일들이 촘촘히 들어차 있는 매일의 일정은 저절로 마음을 급하게 만들 수밖에 없어요. 정해진 등교 시간을 두고 준비시킬 때와 주말 아침의 나들이에서 아이를 재촉하는 정도가 확연히 달라지는 것만 봐도 느껴질 거예요. 산만한 아이들은 급해지면 더 많은 실수를 하며 스스로 좌절을 시작합니다. 아이가 유달리 산만하고 챙기는 것에 서툴다면 아이의 일정을 좀 헐렁하게 잡아주세요. 뭔가 빠뜨리고 왔을 때 다시 집에 다녀와도 괜찮을 만큼, 좀 늦게 출발하거나 이동 중에 관심 가는 것에 눈길을 빼앗겨도 괜찮을 만큼, 굳이 바쁘게 재촉하고 급하게 챙기지 않아도 괜찮을 만큼 여유로운 시간을 확보해주세요.

유형별로 알아보는 초등 매일 습관 만들기

📝 원인을 점검해주세요

산만함은 보이는 결과일 뿐이고요. 그 원인은 선천적 주의력 결핍 장애, 영재성으로 인한 산만함, 우울, 불안으로 시작된 정서적 산만함, 발달이 느려서 생긴 산만함 등 다양할 수 있으므로 습관의 힘으로도 오랜 시간 극복되지 않는다면 상담을 통해 점검해볼 필요가 있습니다.

조용하고 성실하지만
목표 없이 무기력한 아이

"특별히 눈에 보이는 문제는 없어요. 학교생활도 잘하고, 담임 선생님께서도 아이가 성실하다고 칭찬하시더라고요. 그런데 아이가 뭘 하려고 하질 않아요.

친구들은 학원 보내달라고 그렇게 졸라댄다는데, 우리 아이는 배우고 싶은 것도 하고 싶은 것도 가고 싶은 곳도 없대요. 나중에 되고 싶은 것도 없으니 공부를 왜 해야 하는지 모르겠다고 하더라고요. 가라고 하면 학원에 가고, 공부하라고 하면 성실하게 하면서도 그래요. 이렇게 욕심이 없어도 괜찮은 건지 잘 모르겠어요."

어릴 때는 창의적인 생각도 곧잘 하고 주변의 사물이나 현상에 대해 호기심이 많아 질문도 많던 아이가 학년이 올라갈수록 목표나 욕심 없이 무기력한 모습을 보이는 경우가 있어요. 특히 남자 친구들에게 많이 보이는 모습인데요. 이런 무기력함이 오래 지속되면 교실에서의 활동에 참여하지 않으려 하고 학원을 거부하며 심한 경우 우울증으로 발전하기도 한답니다. 저런 애가 아니라는 것을 아는 부모 마음은 애가 탈 거예요. 아이를 변화시키려고 다그치기도 하고, 혼내기도 하고, 달래고 원하는 것을 사주기도 하지만 그때뿐이니 답답합니다.

📋 아이의 마음을 읽어주는 것이 가장 급합니다

아이와 편하게 이야기 나눌 수 있도록 분위기를 만들어보세요. 아이가 좋아하는 보드게임을 같이 하고, 둘만의 데이트라는 이름으로 근처 공원을 걷는 것도 좋습니다. 좋아하는 간식도 함께 준비한다면 더 효과적이고요. 잠들기 전 안마, 마사지 시간을 갖는 것도 아이의 마음을 편하게 해주는 방법이 될 수 있습니다. 아이가 마음을 열고 조금 편안하게 보일 때 하나씩 찬찬히 물어봐 주세요. 스트레스받는 부분이 무엇인지, 어느 정도로 힘들게 느끼는지, 회복하기 위해 시도해보고 싶은 방법이 있는지 등을 물어보며 대화를 시도해보세요. 아이가 입을 열기 위해서는 지적받지 않

유형별로 알아보는 초등 매일 습관 만들기

고 편하게 떠들 수 있는 대상이 있어야 합니다. 가정에서 하루 중 인상적이었던 일 이야기하기, 함께 책이나 영화를 감상한 후 느낌 나누기 등을 통해 즐거운 대화가 이어진다면 아이는 말하기의 즐거움을 느끼며 자연스럽게 마음을 열 수 있습니다. 여행이나 경험을 통해 얻은 지식, 책이나 영상을 통해 접한 다양한 소재는 대화를 풍부하게 해주며 이야기 소재가 많아질수록 대화의 욕구가 높아지고 적극적으로 참여할 수 있게 될 거예요.

📝 실패를 두려워하는 아이일 수 있어요

아동의 학습 과정을 오랜 기간 연구한 심리학자 엘레나 보드로바(Elena Bodrova), 데보라 렁(Deborah Leong)의 연구를 참고해볼 만합니다. 영유아기 때의 아이는 실수를 두려워하지 않고 배우는 것에 몰입합니다. 뒤집기와 걸음마를 위해 끊임없이 시도하는 아이들을 떠올려보면 이해하기 쉬울 거예요. 이 시기의 아이들은 단번에 성공하지 못한다고 해서 주눅 들거나 의기소침하지 않고 계속 도전합니다. 어쩌다 한 번 성공하지만 이 성공이 계속되지 않아도 비관하지 않고 도전합니다. 땀을 뻘뻘 흘리고 엉덩방아를 찧어도 개의치 않고, 계단 오르기에 꽂히면 수십 번 계단을 오르내리며 지켜보는 부모의 가슴을 졸이지요.

이런 영유아기 때의 열정은 왜 지속되지 못하는 걸까요? 아이들은 자신이 사랑하는 사람, 특히 부모님의 감정, 행동 등에 민감합니다. 아이가 실수했을 때 보이는 부모의 반응, 놀람, 걱정하는 표정, 실수를 꾸짖는 말 등은 실수나 실패에 대한 두려움을 일으킬 수 있습니다. 자신을 보호하기 위해 모험이나 도전을 피해버리게 되지요. 도전하지 않으면 최소한 실패했을 때의 비난에서는 자유롭다는 것을 알게 됩니다. 우리 부모가 혹시 그런 모습을 보인 적은 없는지 스스로를 점검해보세요.

📝 번아웃 증후군일 가능성도 염두에 두세요

번아웃 증후군이란 미국의 정신분석의자 허버트 푸뤼덴버거(Herbert Freudenberger)가 사용한 심리학 용어로 한 가지 일에 몰두하던 사람이 정신적, 육체적으로 극도의 피로를 느끼고 이로 인해 무기력증, 자기혐오, 직무 거부 등에 빠지는 증상입니다. 흔히 직장에서 치열하게 살아가는 어른들의 질환으로 알려져 있지만 최근에는 어린이들에게서도 발견된다고 합니다. 서울 모 초등학교에서 한 학급 학생 23명을 대상으로 실시한 놀라운 검사 결과가 있습니다. 3명은 번아웃 증후군에 버금가는 스트레스 수치를 보였고, 14명의 학생은 직장 경력 16년 정도의 스트레스를 가지고 있다는 거예요. 갑자기 불타버린 연료처럼 무기력해지며 수업에 집중하지 못하는 상황, 친구들과의 놀이를 좋아하고 신나게 생활하

유형별로 알아보는 초등 매일 습관 만들기

다가 갑자기 슬럼프에 빠지게 되는 상황이 우리 아이에게도 나타
날 수 있답니다. 이 경우 당연히 수업 중의 활동에도 관심이 없고,
무기력하여 모둠 친구들의 눈총과 잔소리를 달고 살게 될 거예요.
번아웃 증후군이 의심된다면 소아정신과 전문의의 상담 진료가
필요하니 반드시 점검해주세요.

🗒 주변을 정리해주는 것도 도움이 됩니다

새롭고 산뜻하게 바뀐 방에서 생활하면 전에 없던 의욕이 생기
기도 합니다. 공기정화에 도움이 되고 정서적 안정을 줄 수 있는
초록 식물을 아이가 직접 방에서 길러보도록 환경을 조성해주세
요. '그린 테라피(Green Therapy), 에코 테라피(Eco-Therapy)'라는 방
법인데 초록 식물을 기르고 가꾸는 과정을 통해 심리적 안정을 찾
을 수 있으며, 공부나 성적이 아닌 곳에서 성취감을 느낄 수 있는
좋은 방법입니다. 아이가 가꾸는 식물에 함께 관심을 두고 대화소
재로 삼으며 학업, 성적, 학교, 학원, 시험 등 아이가 가진 스트레
스에서 화제를 돌려보는 기회로 삼으세요.

🗒 아이가 직접 계획한 여행을 함께 해보세요

요즘 TV 예능프로에서 흔히 볼 수 있는 것처럼 직접 계획한 여행
을 시도해보면 한동안 없던 의욕이 생기고 생기가 돌기도 할 거예

194

요. 아직 어려서 여행 계획을 전부 세울 수 없다면 반나절 정도만 아이의 계획대로 움직이는 것도 방법입니다. 놀이공원에 가서 용돈을 주고 용돈 다 써버리고 오기 미션처럼 아이가 평소 해보고 싶었지만 할 수 없었던 새롭고 재미있고 자유로운 경험을 하게 해주세요. 자기에게 온전히 자유와 책임이 주어졌지만 즐거움도 충분히 느낄 수 있었다면 이를 통해 다시 의욕을 찾을 수 있을 거예요.

유형별로 알아보는 초등 매일 습관 만들기

형제 관계별
가정 속
매일 습관 만들기

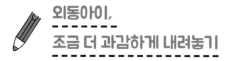

외동아이,
조금 더 과감하게 내려놓기

　팍팍하고 바쁜 현대 대한민국에서 한 명의 자녀를 기른다는 것은 사실 장점이 훨씬 많습니다. 외동아이는 오직 자기에게만 최적화된 환경과 존중받는 분위기 속에서 부모, 조부모의 사랑을 온전히 누리는 행복감을 경험하며 성장할 수 있습니다. 다둥이 가정에 비교해 상대적으로 정신적, 시간적 여유가 있는 부모가 제공하는 양질의 대화, 시간, 놀이, 경험을 통해 성취감을 쌓아가고 있는 거죠. 어디 그뿐인가요? 대입을 준비하는 학창시절에는 과외 수업, 대학 등록금, 해외 유학 등 부모의 재정적인 지원이 상대적으로 훨씬 든든하므로 형편이 안 돼서 못 해줬다는 아쉬움은 없습니다. 실제로 외동아이들은, 다둥이들보다 어린 시절부터 해외여행이나 해외캠프 참가 등 다양한 사교육을 더 많이 경험하고 있다는 통계가 있습니다.

교실에서는 어떨까요? 교실 속 외동아이들은 언뜻 아이만 보면 외동인 것을 못 느낄 때가 많아요. "혼자 자란 애들은 티가 나"라는 우리 사회의 오래된 편견이 무색할 만큼 마음 넉넉하고 둥글둥글하게 잘 지내는 경우가 훨씬 많습니다. 그런데 재미있는 건 엄마들입니다. 엄마를 만나보면 차이가 확연하게 느껴집니다. 다둥이들과 비교해 아이 한 명에 관해 훨씬 더 많은 관심, 기대, 실망, 걱정 속에 아이를 키우기 때문에 그렇습니다. 뭐든 지나치면 부족한 것만 못하다고 하는데요. 외동으로 자란 아이들의 교실 속 모습이 그럴 때가 많습니다. 혼자서도 곧잘 할 만한 충분한 능력이 되는 아이가 부모님의 과보호와 지나친 간섭 때문에 힘을 잃고 무력한 모습을 보이기도 하거든요.

외동아이를 키우면서는 의도하지 않아도 아이에 대한 부모의 관심과 개입이 상대적으로 높을 수밖에 없습니다. 부모와 아이의 성향, 가정마다의 특수한 상황은 배제하고 단순하게 비교하는 것

197

이 이해하기 편할 거예요. 부모 두 사람의 눈이 두세 명의 아이를 향하는 것과 오직 한 아이에게 고정되는 것은 양적으로만 비교해도 이해가 쉽습니다. 그래서 아이가 어릴 때 장점으로만 보이던 상황이 초등학교에 보내고 나니 서서히 고민으로 다가옵니다. 가족끼리 보내는 시간 동안에는 흠잡을 데 없이 순하고 사랑스럽던 아이가 학교를 불편하게 느끼고 친구들이 얄미워하는 이기적인 행동을 하기 시작하거든요. 당연한 줄 알고 아이를 돕고 보살폈던 행동들, 손 하나 까딱하지 않아도 모든 것이 척척 이루어지는 편안함이 외동아이를 혼자서는 아무것도 할 수 없는 공주님, 왕자님으로 만들었습니다. 우리 집에 아이가 한 명이라면 오늘부터 조금 더 과감해져도 괜찮습니다.

조금 더 과감한 부모 되기

다둥이들은 부모의 도움이 구석구석 닿지 못하는 가정의 자연스러운 상황으로 독립심을 키울 기회가 많고 평균적으로 스스로 해내는 일의 경험이 많습니다. 외동아이 교육의 핵심은 부모의 마음 다잡기입니다. 하나뿐인 아이를 조금 더 도와주고 싶고 보살펴주고 싶은 마음은 당연합니다. 보살피고 챙겨야 할 다른 자녀가 없으니 온전히 충분히 도와줄 여유가 있는 것도 사실입니다. 아이가 힘들어 보이거나 도움이 필요할 때 부모의 판단으로 충분히 빨리 손을 내밀 수 있지만 참아야 합니다. 아이를 모든 상황에서 더 편안하고 부족함 없이 자라도록 하는 것이 부모의 역할이 아님을 기억해주세요. 아이가 스스로 할 수 있을 거라는 신뢰를 꾸준히 전해주세요. 아이를 위해서이기도 하지만 동시에 부모의 마음을 다잡고 양육 방식을 고치는 힘이 됩니다. 도움을 줄 수 있음에도 돕지 않고 혼자 해결하도록 두는 이유를 아이에게 정확하게 전달하세요. 늘 말 한마디면 척척 움직여주던 부모님의 달라진 모습이 서운할 수 있거든요. '너를 위한 일이다'라는 메시지를 정확하게 전달하여 결코 부모의 사랑이 줄어들었거나 부모가 귀찮아서 돕지 않는 것이 아님을 제대로 알게 하세요.

📑 편견에 위축되지 마세요

"외동이라서 그렇구나, 어쩐지"라는 편견은 부모를 위축시킵니다. 외동아이가 독선적이고 이기적이라는 사실을 실증한 연구는 어디에도 없습니다. 의미 없는 '외동'에 대한 편견으로 장점보다 단점이 두드러져 '만에 하나 내 아이가 이렇게 나빠진다면' 하는 공포심에 외둥이 부모를 힘들게 합니다. 때로 이런 공포심이 지나쳐 형제가 많은 가정보다 더욱 엄격하게 가르치고, 지나친 규칙을 만들어 통제하기도 하는 역효과를 가져옵니다. 외동아이이기 때

유형별로 알아보는 초등 매일 습관 만들기

문에 일부러 더 아이와의 애정표현을 자제할 필요도 없습니다. 충분히 애정을 표현하되 아이가 판단하여 결정할 기회를 제공하고, 도움 없이 해결할 수 있는 습관을 만들어주는 것이 외동아이가 편안한 학교생활을 할 수 있도록 돕는 최고의 방법입니다.

공유하고 나누는 경험

외동아이에게 가장 부족한 점은 '내 것을 나누는 경험'일 거예요. 다둥이들에게 일상인 이 경험이 어색한 외동아이들은 별것 아닌 일로 교실에서 투닥거리기도 합니다. 친구가 자꾸 지우개를 빌리는 게 싫고, 색종이를 달라고 하는 게 싫고, 내 책상에 넘어오는 것도 싫을 수 있어요. 무언가를 공유하여 사용해본 경험이 부족하므로 당연한 결과입니다. 의도적인 나눔, 공유의 경험이 필요한 이유이기도 하지요. 적어도 교실 안에서는 내가 가진 것을 내놓아야 하는 순간도 있음을 이해하고 실천으로 옮길 수 있어야 합니다. 짝꿍이 깜빡 잊고 색연필 세트를 준비하지 못했다면 같이 쓸 수밖에 없는 것이 초등 교실의 평범한 모습인데, 완강하게 거부하며 마음 상하는 친구들도 종종 있어 안타깝습니다. 친구들과의 관계에 도움이 된다면 조금 손해 보는 느낌이 들더라도 내가 양보하거나 배려하는 부분이 있어야 한다는 걸 깨달으면서 조금씩 성장해갈 거예요.

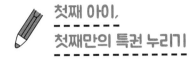

첫째 아이, 첫째만의 특권 누리기

　학년, 학급, 성별과 관계없이 그 반의 최고 모범생 다섯 명을 선출해내라고 담임들에게 요청한다면 장담컨대 그중 네 명 이상이 첫째 아이일 거라고 확신합니다(외동아이 포함). 교실 안에는 다양한 형제 관계를 가진 친구들이 모여 있는데요. 신기하게도 가정에서 맡았던 역할을 교실에서도 비슷하게 이어가는 모습을 보입니다. 출생 순서가 그 사람의 성격과 완전한 상관관계를 이루는 것은 아니지만 전혀 무관하지 않다는 것을 우리는 많은 인간관계의 경험으로 알고 있습니다.

　초보 부모는 양육 경험이 없는 상태에서 태어난 첫째를 잘 기르기 위해 엄청난 노력을 합니다. 처음이기 때문에 실수 없이 완벽하게 키우고 싶은 마음이 강하고 이런 영향을 받은 첫째들에게는 때로 완벽주의, 또는 독단적이고 이기적인 성향을 보이기도 합니다. 물론 좋은 점이 훨씬 더 많습니다. 교실 속 모범생 역할을 독차지하며 성적, 수업 활동, 학급 임원, 학급 대표 등의 요직을 맡고 있지요. 동생을 돌봐야 한다는 생각을 가지고 성장하기 때문에 책임감, 통솔력이 있고 느긋하고 차분하며 이해심이 많으니 당연한 결과입니다. 또, 어린 동생들을 의식하여 자신의 감정을 잘 표현하지 않는 경향도 있어 교실 안에서도 상대적으로 묵직하고 말수가 적은 편입니다.

📋 동생을 돌보는 일을 특권으로 여기게 해주세요

동생을 돌보는 일에 참여하는 것은 첫째 아이만 경험할 수 있는 특권입니다. 첫째는 동생을 미워하고 질투하는 마음과 동시에 동생에 대한 호감과 관심도 있습니다. "내가 기저귀 갈아줄게, 내가 이유식 먹여줄게"라고 말하며 동생을 돌보는 일에 참여하고 싶어 할 때 부모의 열정적인 응원과 지지가 필요합니다. "가만히 있는 게 도와주는 거야"라는 솔직한 말은 참아주세요. 터울이 큰 경우 첫째가 둘째를 위해 할 수 있는 일은 더 많아집니다. 터울이 덜 나더라도 동생 까르르 웃게 만들기, 목욕 후 로션 발라주기, 동생 옷 직접 골라서 가져다주기, 기저귀 가져오고 버려주기, 동생 장난감 정리하기 등 찾아보면 어린 나이에도 충분히 할 수 있는 일이 많습니다.

이에 대해 부모가 긍정적인 칭찬과 고마움을 표현하면 동생과 부모에게 유대감을 갖는 동시에 자존감을 높이면서 일상의 성실한 습관을 만드는 일로 이어지게 됩니다. 이때 부모가 둘째를 무조건 돌보게 하거나 놀아주라고 강요해서는 안 되겠지요. 지나치게 강요하면 오히려 동생과 부모에게 적대적인 감정을 가지게 될 수도 있으니 신경 써주세요.

⬛ 미안하고 측은한 시선은 오히려 독이 됩니다

어떤 부모도 첫째에게 소홀해지고 싶지 않으며 첫째가 둘째로 인해 마음이 아프기를 바라지는 않습니다. 동생이 생긴 상황에서 마음의 상처가 전혀 없을 수는 없겠지만, 첫째가 이러한 위기를 잘 극복하고 좀 더 능동적이고 적극적인 아이로 성장하는 기회가 되도록 돕는 부모의 역할이 중요합니다. "동생 때문에 힘들지?"라는 측은한 시선으로 바라보기보다는 또래와 비교해 다양한 경험, 책임감, 성실성을 갖춰 사회의 리더가 될 자질이 풍부한 아이로 바라봐주세요. 리더십, 자신감, 문제해결력, 자립심을 몇 년 되지 않는 성장 과정을 통해 온전히 경험한 멋진 친구들이랍니다.

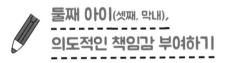

둘째 아이(셋째, 막내), 의도적인 책임감 부여하기

막내를 키워본 부모라면 그 아이를 보는 부모의 눈에서 하트가 발사되는 경험을 해봤을 거예요. 위에 있는 아이들과 다를 것 없는 성장 과정을 거치고 비슷한 행동을 하지만 막내를 보는 부모의

유형별로 알아보는 초등 매일 습관 만들기

느낌은 확연히 다릅니다. 오죽하면 '막내는 군대 가도 귀엽다'라는 말이 있을까요. 그렇게 귀엽게 자란 막내가 초등학교에 다니고 있다면 얘기가 좀 달라집니다. 귀엽다고 마냥 다 해주고 받아주고 키웠는데 삼 일에 한 번씩 학교에서 전화가 옵니다. 큰아이 때는 한 번도 없었던 크고 작은 사건들이 계속되면서 부모는 오히려 큰아이 때보다 더 힘든 시기를 보내기도 합니다. 그래서 학부모 상담 주간이 되면 걱정스러운 표정으로 들어서는 분들 대부분이 자유롭고 산만한 둘째 아이의 엄마인 경우가 많습니다.

둘째들은 혼자 안 합니다. 분명히 혼자 할 수 있는데도 부모나 위의 형제자매에게 당연하다는 듯 의존합니다. 더는 안 되겠다 싶어 단호하게 안 된다고 하기로 결심하지만 응석 부리는 아이 앞에서 어느 사이 밥을 떠먹여 주고 옷을 입혀주고 있을 거예요. 교실에서도 크게 다르지 않습니다. 가정에서 막내로 자란 아이들은 교실에서 모둠 친구들, 짝꿍의 도움을 받는 일을 당연히 여기며 수업 중의 활동에 수동적으로 따라가는 것을 편하고 당연하게 여깁니다. 그래서 한없이 귀엽고 아기 같은 막내지만 부모는 그럴수록 마음을 굳게 먹어야 합니다. 시간이 걸리고 답답해도 혼자 해볼 기회를 듬뿍 제공하는 것이 막내의 편안한 학교생활을 위한 최고의 방법입니다.

📒 책임감을 주겠다는 부모의 결심

막내의 편안한 학교생활을 위해서는 부모의 특별한 결심이 필요합니다. 큰아이 때는 이런 식의 결심이 필요 없었을 거예요. 동생을 돌보느라 자연스레 혼자 하는 상황에 익숙하기 때문이지요. 막내는 자신을 돌봐줄 사람들이 많으므로 언제까지나 그들에게 기대고자 하는 마음이 있습니다. 어리게만 보이는 막내가 교실 속 천덕꾸러기가 되지 않으려면 부모의 지나친 보호, 간섭을 의식적으로 피하는 특별한 결심이 필요합니다. 언제까지나 부모, 형제자매가 도와줄 수 없음을 인지시키고 일상의 소소한 일들부터 스스로 처리하는 습관을 시작해주세요. 특별히 막내가 담당하는 집안일, 예를 들면 신발 정리, 식사 전에 수저 놓기 등을 정해주어 반복적인 일을 처리하는 요령을 익히고 맡은 일에 대한 강한 책임감을 의도적으로 경험하게 해야 합니다.

📒 다른 동생을 돌보는 경험

친척 동생, 옆집 동생처럼 더 어린아이와 시간을 보냄으로써 내가 늘 막내 역할만 맡을 수는 없다는 것을 깨닫게 합니다. 받기만 했던 보살핌과 도움을 자신보다 더 약한 누군가에게 베풀어야 한다는 것을 알게 될 때 스스로 해내고자 하는 내적 동기를 강하게 가질 수 있습니다. 다른 동생을 돌볼 수 있다는 자신감은 학교생

유형별로 알아보는 초등 매일 습관 만들기

활, 친구관계에서 문제가 일어났을 때도 스스로 해낼 수 있다는 자신감을 느끼게 한답니다.

📋 막내들만의 열등감과 자존감

막내는 형, 오빠, 누나, 언니에 비해 잘하는 것이 별로 없다는 열등감에 사로잡혀 있는 경우가 많습니다. 그들에게 경쟁의식을 갖고 있지만 영원히 이길 수 없을 것 같다는 생각이 들기도 하고요. 이런 생각은 막내가 어떤 일을 잘 해내고 싶은 의지를 꺾게 만들 수 있습니다. 또 막내는 주변 사람들의 사랑을 듬뿍 받고 자라 지나치게 자존감이 높은 경우도 있지요. 자기애에 가까운 이런 형태의 높은 자존감은 자신이 할 일을 하지 않아도 사랑받을 것이라고 착각하게 만들 수 있으니 관심을 기울여야 합니다. 이는 막내의 착각일 뿐 세상은 막내에게만 호의를 베풀지는 않는 게 현실이니까요. 교실 청소할 때 보면 통계적으로 첫째들과 비교해 둘째, 막내들이 조금 덜 하려고, 조금 더 쉽게 하려고, 조금 더 빨리 끝내려고 애쓰곤 합니다. 집에서 해왔던 습관 그대로, 그런 행동이 허용되었기 때문에 그 습관을 그대로 교실까지 가지고 온 것이죠. 알다시피 교실에서는 첫째니까 열심히 많이 하고, 둘째는 덜 해도 괜찮다는 규칙은 없습니다.

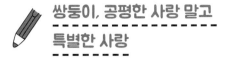

쌍둥이, 공평한 사랑 말고 특별한 사랑

'육아라고 쓰고 전투라고 읽는다'라는 말이 있습니다. 자녀라는 인격체를 품고 길러내는 일은 우리에게 그만큼 어렵고 치열한 역할입니다. 만만치 않은 전투 상대가 하나도 아니고 둘, 셋이라면 어떨까요? 성장 환경부터 특별한 쌍둥이들과 쌍둥이처럼 나이 차가 적은 형제자매를 키우는 경우 어떤 면에 관심을 갖고 습관을 키워주면 좋을지 생각해 보겠습니다.

쌍둥이를 키우는 집은 언제나 예측 불가입니다. 자기들끼리 티격태격 싸우다가도 언제 그랬냐는 듯 잘 어울리기 때문이지요. 이 복잡 미묘한 형제자매라는 관계 속에서 아이들은 부모가 제공할 수 없는 다양한 모습으로 정서적, 지적, 사회적 행동의 기반을 습득하며 성장합니다. 놀이 친구로 시작하여 교사, 친구, 동료, 보호자 등 다양한 역할을 서로 주고받고, 나아가 서로에 대해 공감, 수용, 책임감 등의 감정을 형성하기 때문입니다.

그러나 같은 부모 밑에서 태어났지만 성별, 기질, 성향, 개성 등이 모두 다른 데다가 아이만의 정체성과 부모에 대한 애정 욕구가 다르니 다툼, 비교, 경쟁, 질투는 자연스러운 상황이며 반드시 부정적인 것은 아니에요. 이런 특별한 상황을 긍정적으로 해석하고

207

활용하는 것이 부모의 할 일이지요. 형제자매 사이에서의 싸움과 경쟁, 갈등과 충돌 등은 서로에 대한 공감 능력과 문제해결력을 발달시키는 긍정적 요인이 될 수 있어요. 양육 전문가들은 일상의 소소한 문제로 자녀들이 다툴 때 부모가 바로 개입하지 말 것을 권유합니다. 큰 싸움으로 번지지 않는 사소한 다툼이라면 자녀들 스스로 서로의 입장을 이해하고 그만의 타협 방법을 찾아갈 수 있기 때문입니다.

🗒 경쟁 상대가 아닌 협력자가 되게 해주세요

아이들이 다투는 모습을 보고만 있기란 결코 쉬운 일이 아닙니다. 그때마다 "사이좋게 지내야 해. 너희들은 가족이야" 같은 훈육을 하지만 그것도 한계가 옵니다. 아이들은 자라면서 나름대로 주관과 논리가 생기는데 자기 입장만 옳다고 주장하기도 하고 심지어는 가족이라는 말이 무색할 만큼 형제자매를 무시하기도 합니다. 이럴 때는 일상에서 공동의 과제를 통해 서로의 존재감을 확인하고 서로를 존중할 기회를 제공해주세요.

쌍둥이가 한 팀으로 구성된 공놀이나 보드게임은 재미를 바탕으로 자기 효능감은 물론 서로의 협동심을 높일 기회가 됩니다. 하나의 목표를 위해 생각을 나누고 이견을 조율하며 문제를 해결함으로써 아이들은 연대감을 키우게 되고 서로의 강점을 알아갈 수 있답니다. 집안일을 도울 때 공동의 과제를 수행함으로써 서로 간의 신뢰와 가족애를 쌓아갈 수도 있어요. 역할을 분담해 하나의 작품을 완성하는 미술, 공작, 요리도 서로의 존재를 긍정적으로 확인하고 형제자매의 관계를 건강하게 형성시켜 나가는 시간이 될 수 있습니다.

각자에게 특별한 경험을 제공해주세요

쌍둥이를 키우는 부모의 최대 고민은 비교하거나 편애하지 않고 얼마나 공평하게 아이들을 대하느냐는 것입니다. 아이들은 부모의 표정 하나, 말 한마디에도 서운함을 느끼고 자신을 덜 사랑한다고 느끼기 쉽습니다. 부모-자녀 커뮤니케이션의 권위자 아델 페이버와 일레인 마즐리시는 다둥이 부모들에게 '똑같이 대우하면 오히려 불공평해진다'라고 조언합니다. 모순처럼 보이지만 이 말은 '똑같이 사랑받는 건 사랑을 덜 받는 것이지만, 특별한 존재로서 각기 다르게 사랑받는 것은 필요한 만큼 사랑받는 것'이라는 의미입니다. 다시 말해 음식을 나눠줄 때 아이들에게 똑같이 주기보다는 각자 원하는 만큼 나눠줄 때 아이들의 만족도가 더 크다는 것입니다.

아이들은 저마다 가지고 있는 성향과 기질, 욕구와 본능일 뿐만 아니라 부모에게 받고 싶은 사랑의 정도가 다를 수밖에 없습니다.

209

이런 마음을 읽어주고, 짧더라도 집중해서 아이 한 명 한 명과 따로 보내는 시간을 갖는 노력이 필요합니다. 이러한 부모와의 일대일 관계는 아이의 자존감을 높여주는 한편 형제자매에 대한 긴장을 해소시켜 줄 수 있는 가장 좋은 방법입니다. 일상이 분주하고 바쁘지만 아이들 각자가 특별한 존재라는 사실을 느낄 수 있도록 부모의 세심한 노력이 필요하답니다.

성장
시기별
매일 습관 만들기

　　성장 시기별로 어떤 습관이 필요한지, 또 그 습관을 만들려면 어떻게 하면 좋을지 고민해보려 합니다. 아직 어린 동생이 있다면 유용할 테고, 다가올 중·고등학생 시기도 미리 그려보고 마음의 준비를 하는 기회가 되길 바랍니다.

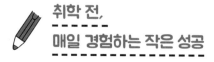

취학 전,
매일 경험하는 작은 성공

> "요즘 부모들은 아기에게 무엇이든 일일이 가르쳐야 한다고
> 생각하는데 이건 대단한 착각입니다. 이러한 행동은 불필요하고 때로는
> 아기가 무엇을 해보려는 마음을 방해할 수 있습니다.
> 아기를 과보호하고, 억지로 아기에게 그림 카드를 보여준다든가,
> 비디오를 보여준다든가 하면서 아기의 잠재력을 키우려고 안간힘을 쓰는
> 부모는 아기 입장에서 보면 결코, 좋은 부모라고 할 수 없습니다."
> – 미국, 브라질턴 교수

유아기는 아이가 스스로 해내는 힘을 키우기 위한 부모의 역할이 가장 큰 시기기 때문에 이 시기의 양육 방식은 그 어느 때보다 중요합니다. 이 시기의 아이는 "내가, 내가!" 하며 밥 먹기, 바지 입기, 엘리베이터 버튼 누르기, 불 켜기, 문 열기 등 어른들이 봤을 땐 사소하고 별거 아닌 일조차 스스로 해보려고 합니다. 이는 아주 자연스럽고 건강한 모습이랍니다. 유아기는 자아가 성장하며 스스로 독립하기 위해 많은 시도를 하는 시기이며, 소근육과 대근육 발달을 통해 자신을 통제할 수 있는 능력을 기르고 협응 능력을 키워 뇌를 발달시키는 중요한 시기이기도 하지요. 아이가 되도록 혼자 할 수 있도록 마음의 여유를 가지고 지켜봐 주세요. 스스로 할 수 있는 일의 종류를 늘려주는 것이 가장 현실적이

고 필수적인 초등학교 입학준비임을 명심해주세요.

📝 '할 수 있음'에 초점을 맞추세요

이 시기의 아이는 주변 환경을 적극적으로 탐색하고 무엇이든 혼자 하겠다는 의지를 표현하기 때문에 아이가 할 수 있는 범위를 최대한 넓게 가져야 합니다. 걱정스러운 마음에 안 되는 이유를 나열하기보다는 가능한 선의 기준을 확보하고 시작하세요. '하면 안 되는 일'의 목록 말고 '해도 괜찮은 일'의 목록을 만드는 게 낫습니다. 이때 부모가 스트레스받지 않도록 기준을 '부모의 허용이 가능한지'로 잡으세요. 아이 나이에 부담스러운 과제를 주거나 부모가 허용할 수 없는 부분까지 하게 두다 보면 일관성을 놓치거나 신체 미숙에 따른 실수에 대해 지나치게 탓하고 훈계하는 일이 생기고 말거든요. 이런 과정이 반복되면 부모에 대한 불신이 높아지거나 새로운 도전에 대한 거부감이 발생하여 스스로 해내는 습관이 자리 잡기 어렵습니다.

📝 공공장소에서의 행동 습관

어제는 안 된다고 했던 것이 오늘은 된다면 아이는 원하는 것을 얻기 위해 부모에게 떼를 쓰고 혼란스러울 수밖에 없습니다. 이 시기의 아이들은 규칙 정하기에 참여할 수 있고, 참여하길 원합니

213

다. 함께 정한 가정에서의 규칙을 충분히 설명해주고, 일관성 있는 태도로 규칙을 지키기 위해 노력합니다. 또 공공장소에서의 에티켓은 아이가 본격적인 사회생활을 시작하기 전에 필수적으로 갖춰야 할 덕목이에요. 시끄럽게 하지 않기, 돌아다니지 않기, 남에게 피해주지 않기 등 아이가 에티켓을 인지하고 지킬 수 있도록 연습이 필요하지요. 걷기, 문 여닫기, 인사하기, 도움 청하기, 위험한 물건 건네주기 등 유아기에 알아야 할 기본적인 예절이 일상의 습관이 되도록 도와주세요.

스스로 자신을 가꾸는 경험

거울 보고 머리 빗기, 옷을 입거나 벗어 걸기, 신발 신고 벗기, 손 씻기, 이 닦기, 코 풀기, 기침하기, 단추 끼우기, 지퍼 올리고 내리기, 신발 끈 매기 등이 있습니다. 아이의 취향을 존중하고 스스로 선택할 기회를 주세요. 옷이나 그에 어울리는 액세서리, 신발을 스스로 선택하게 하면 계절감을 익힐 수 있습니다. 또 자신의 취향을 파악하여 심미안을 기르는 것은 아이에게 중요한 경험이기도 합니다.

집안일에 참여시키세요

먼지 닦기, 바닥 쓸기, 책상 닦기, 빨래하기, 식물에 물 주기 등 환경을 가꾸는 일도 쉽고 기본적인 일부터 참여하게 합니다. 수저 나르기, 밥 먹은 후 치우기, 장난감 정리하기 등의 집안일도 분담하는 것이 좋습니다. 아이도 집안의 한 구성원으로서 자신의 몫을 다하는 데 보람을 느낍니다. 상 차리기, 잼 바르기, 수저 놓기 등 음식을 준비하는 과정에도 참여하도록 합니다. 식재료의 색감, 촉감, 식감, 냄새를 느끼고 요리에 참여하는 것도 좋은 경험입니다. 음식에 대한 흥미를 높이고 편식하는 것도 방지할 수 있습니다.

식사 중 TV, 동영상 시청은 되도록 피하고 가족과 즐거운 대화 속에 식사할 수 있도록 해주세요. 또 자신의 물건을 스스로 챙기는 연습도 시작해주세요. 하원 후 가방에서 컵과 양치 컵을 꺼내 놓고 식판을 주방에 넣는 것도 쉽고 좋은 연습 방법입니다. 아이가 필요한 물건은 정해진 자리를 알 수 있도록 일관성 있게 수납하고, 물건이 필요한 경우 스스로 가져오고 다 쓴 후에는 스스로 정리할 수 있는 환경을 제공합니다. 정리정돈이 잘 된 공간에서 아이는 편안한 감정을 느끼고 집중할 수 있습니다.

유형별로 알아보는 초등 매일 습관 만들기

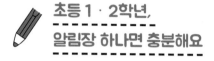

초등 1 · 2학년, 알림장 하나면 충분해요

유치원까지의 단체생활이 어른의 보살핌을 받는 보육의 개념이었다면 본격적인 교육을 시작하는 초등학교에서는 아이 스스로하는 영역이 넓게 확대될 거예요. 아이가 초등학생이 되면 어디까지 부모가 도와줘야 하고 어디까지 스스로 할 수 있도록 해줘야하는지 일상의 무수한 갈등 상황을 만나게 됩니다. 이것을 아이입장에서 잠시 생각해보면 초등학생이 되었다는 이유로 무리하게갑자기 많은 역할을 준다면 혼란스럽고 부담스럽겠지요.

이럴 때는 스몰 스텝(small step)의 원칙을 적용해보세요. 한 번에한두 가지씩 시도하면서 차츰 그 영역을 확대하는 방식이랍니다. 평생을 가지고 갈 기본 생활습관을 만드는 결정적 시기라 여기고습관 만들기에 신경 써주세요. 학교에서의 일상을 자신 있게 해내기 위해서는 그 토대가 되는 가정에서의 노력이 무엇보다 중요해요. 이 시기의 부모님들은 학습적인 부분보다 일상 습관에 초점을맞춰 전에 하지 못했던 과제를 스스로 하나씩 해내는 아이를 향해'아낌없이 칭찬하기'에 집중해주세요.

📓 학교에 대한 부모의 긍정적인 시선

원칙은 '스스로 할 수 있는 부분을 정해주고 격려하고 기다려준다'입니다. 학교라는 곳이 아이 혼자 해내기 힘들어 보이는 불안하고 걱정스러운 공간이 아니라 가정과 유아 교육기관에서 기초를 닦은 아이가 본인의 능력을 확인하고 펼치기에 최상의 공간이라 생각해주세요. 반복되는 일상을 자신의 방법으로 습득하며 습관으로 완성해가는 아이의 과정을 믿고 격려해주면 됩니다. 부모가 자녀를 바라보는 긍정적 사고와 시선은 온전히 아이에게 전해져 타인과의 관계 또한 건강하게 이어갈 수 있습니다. 무엇이든 강압적인 것은 불편한 감정을 싹트게 하고 거부감을 느끼게 합니다. 어떤 일을 행할 때 자발적인 행위가 동반되어야 과정과 결과가 긍정적으로 남을 수 있음을 기억하고, 아이가 스스로 잘 해냈을 때는 아낌없이 칭찬하며 기분 좋은 기억을 갖게 하는 것이 무엇보다 중요합니다.

📓 스스로 할 수 있는 일의 범위를 넓혀주세요

일상에서 아이 스스로 할 수 있는 일의 범위를 점점 넓혀주세요. 책가방 정리를 스스로 하고, 갈아입은 옷은 빨래 바구니에 넣도록 합니다. 물통을 설거지통에 넣고 안내문과 알림장을 엄마에게 보여주는 식의 일상 규칙을 정하는 거지요. 아이라서 며칠 잘

유형별로 알아보는 초등 매일 습관 만들기

하다가도 잊어버리기를 반복하게 될 텐데, 이때 아이의 행동을 즉각 지적하기보다는 스스로 해낼 수 있도록 격려를 담아 작은 힌트를 줘가며 아이가 자신만의 습관을 완성할 수 있도록 도와주세요. 그런 작은 경험들과 긍정적 기억들이 쌓이고 쌓여 아이는 더욱 단단해져 가는 것입니다.

📝 등교 시간을 규칙적으로 지켜주세요

늦어도 정해진 등교 시간 10분 전에는 교실에 도착하여 준비 시간을 확보해야 하루가 편안하고 안정적으로 시작됩니다. 아슬아슬한 시간에 집에서 출발하여 급하게 뛰어 교실에 도착하는 친구들은 아침부터 땀범벅이 되고 시작부터 정신없습니다. 바쁘게 나서느라 실내화 가방, 준비물을 못 챙겨 다시 집에 다녀오는 친구들도 종종 있어요. 아이의 걸음걸이, 성향, 걸리는 시간 등을 고려하여 충분히 여유롭다고 생각되는 시간에 출발하도록 습관을 만들어주세요. 등교 시간이 들쑥날쑥하지 않고 날마다 일정한 시간에 출발하면 점차 그 시간에 맞춰 등교 준비하는 습관이 생깁니다.

📝 학교 도서관 활용도를 높여줍니다

스스로 책을 대출하고 반납 일자를 확인해 읽을 시기를 기억하게 하세요. 반납 일자를 챙기지 못하고, 대출한 책을 잃어버렸을

218

때 어떤 안 좋은 일이 생기는지를 경험하는 것도 좋은 공부가 됩니다. 도서관과 친해지는 것은 단순히 독서 시간을 늘리기 위한 것만이 아닙니다. 교실 안에서는 일일이 담임 선생님의 지시에 따라 움직여야 하지만 도서관만큼은 자율입니다. 가도 되고, 안 가도 되고, 책을 빌려도 되고, 반납해도 됩니다. 어떤 책을 읽을지, 얼마나 오래 읽을지도 내가 결정해야 합니다. 작지만 다양한 결정이 필요한 공간, 그 공간을 자주 이용하면서 결정을 연습하게 하는 거지요. 오랫동안 머물고 자주 들를 수 있도록 도서관을 편안하게 느낄 수 있게, 많은 책 중에 내가 좋아하는 분야의 책을 찾아낼 수 있게 분위기를 조성해주세요.

📝 알림장을 적극적으로 활용하세요

하루의 일과를 정확하게 기억하지 못하는 입학 초기에는 알림장을 적극적으로 활용하는 것이 도움이 됩니다. 학교를 마치자마자 엄마에게 전화해 "나, 이제 뭐 해?"라고 묻고 그 지시에 수동적으로 따라가는 습관은 시작도 하지 마세요. 머릿속에 일일이 기억할 수 없다면 주요 일정을 알림장에 미리 적어주고 그것을 바탕으로 알아서 방과 후의 일정을 소화하고 귀가하는 습관이 자리 잡도록 해주세요. 중간에 남는 시간이 있다면 스스로 학교나 지역 도서관을 찾아 시간을 보내게 하는 등 시간을 알차게 활용하는 습관도 만들어보세요.

유형별로 알아보는 초등 매일 습관 만들기

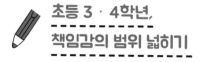

초등 3 · 4학년, 책임감의 범위 넓히기

스스로 할 수 있는 일이 늘어나면서 아직 사랑스러운 표정의 아이, 이 시기는 어쩌면 아이가 부모에게 온전한 행복감을 선물하는 마지막 시기인지도 모르겠습니다. 아직은 선생님, 부모님 말씀을 따르려고 노력하면서 친구들과 함께하는 놀이에 즐겁게 참여하고, 감성이 풍부해지는 참 예쁜 시절입니다. 하나부터 열까지 다 도와주어야 하는 초등 저학년 교실과는 다르게 학교생활에 완전히 적응하여 알아서 척척하면서도 선생님의 마음마저 헤아릴 줄 알기 때문에 초등 담임들에게는 최고 인기 학년일 수밖에 없습니다. 이 시기의 아이를 바라보면서 아이가 훌쩍 자랐다고 느낄 거예요. "엄마 뜻대로만 하지 말고 내 의견도 존중해주세요" "지난번에 선생님이 그러셨잖아요" 등의 말을 하기 시작하는 아이를 '잘 자라고 있구나'라고 생각하며 인정해주세요.

새로운 배움을 경험하게 하세요

새로운 지식을 호기심과 즐거움으로 받아들이며 배움의 즐거움을 느낄 수 있는 시기이며, 배우고자 하는 열의가 샘솟습니다. 자신이 한 일을 남들에게 설명하고 인정받기를 원하고, 관심과 탐색

영역이 비약적으로 확장되어 가지요. 문학, 운동, 미술, 음악, 만화 등 이전에 관심 없었던 다양한 영역, 주제에 끌려 경험해보고 싶어 할 거예요.

　반면 개인차가 심화되며 학습에 무기력한 아이들이 많아지는 시기이기도 합니다. 학습량이 많아져 재미없어하고, 벌써 포기하려는 아이들도 교실 안에는 제법 자주 눈에 띕니다. 저학년과 비교해 학습 능력, 습관, 태도 등에서 개인차가 다양하게 나타나며, 조금씩 유행에 민감해지기 시작합니다. 이 시기의 아이들에게는 풍성한 배움의 기회를 제공해주세요. 혼자서도 학원 수업, 방과후 학교 수업까지 척척 잘 해낼 수 있으니 배우고 싶다는 과목이 있다면 성적과 상관없이 최대한 많은 경험을 하게 해주세요. 저학년 때는 어려서 못 했고, 고학년이 되면 시간이 없어서 못 할 것 같은 과목이라면 중학년에서 경험하는 것이 좋습니다. 이 경험을 바탕으로 꾸준히 이어갈 과목과 정리해야 할 과목이 구분되고, 아이도 자신의 결정에 책임지는 습관이 생깁니다.

📓 책임감의 범위 넓히기

　초등 교실에서는 학년 초가 되면 으레 시작하는 학급 행사가 '1인 1화분 기르기'인 것에는 생각보다 많은 의미가 내포되어 있습니다. 아무리 아름답고 비싼 꽃이 있어도 아무 관심이 없던 아이들이, 이제 막 싹이 올라오기 시작한 내 화분을 아침, 저녁으로 들여다보며 정성을 쏟습니다. 아침에 등교하면 책가방을 던지다시피 내려놓고 화분 앞으로 달려갑니다. 밤새 별일 없었는지, 싹이 더 올라왔는지 얼마나 궁금해하는지 몰라요. 아이에게 책임질 대상을 부여하는 것은 이렇게 큰 힘이 있습니다. 가정에서도 이 원리를 적용해주세요. 아이들은 실수와 성취를 반복적으로 경험하며 자율성을 키워갑니다. 이러한 자율성 없이는 책임감 있는 사람으로 자라기 어렵습니다. 아이 이름을 붙인 화분, 애완동물을 직접 돌보게 해주세요. 늘 돌봄을 받기만 하던 아이가 돌보는 대상에 대한 주체가 되는 거예요. 이 시간은 아이에게 책임감을 길러줄 수 있고 엄마의 마음을 입장 바꿔 생각해볼 수 있는 계기가 됩니다. 또 생명의 소중함, 관찰력, 따뜻한 감성까지 잡을 수도 있고 말이에요.

📝 하루 동안 부모 노릇 해보기

주말, 방학 등을 이용해 엄마 아빠가 하는 일을 아이에게 맡겨보세요. 집에서 배달 음식을 시켜 먹는다면 아이가 직접 메뉴를 선정해 전화로 주문하고, 음식이 도착하면 문을 열고 돈을 내게 해주세요. 뜨겁지 않다면 직접 식탁에 차려놓고 부모를 초대하게 합니다. 엄마를 대신해 세탁물을 찾아오고, 이웃집에 간단한 음식을 가져다주게 하고, 경비실에 가서 택배를 찾아오게 하는 것도 좋은 방법입니다. 단순히 심부름하는 것으로 느껴지지 않도록 "오늘은 석현이가 아빠야"라는 말로 자신을 대견하고 어른스럽게 느낄 수 있게 해주세요. 부모가 도맡아 했던 일을 자신이 해냈다는 경험은 아이 스스로 해결하는 습관을 만들어주는 동시에 더 어려워 보이는 부모의 일에 도전해보고 싶은 마음이 들게 한답니다.

초등 5 · 6학년,
친구들 그리고 자유로운 시간의 힘

이 시기의 아이들, 뭔가 좀 달라지고 있음이 느껴지죠? 눈빛, 말투, 행동, 취향, 관심사가 하나씩 애티를 벗기 시작합니다. 바야흐로 본격적인 사춘기에 접어드는 시기지요. 이런 아이들이 한둘도 아니고 30명씩 모여 속을 알 수 없는 눈빛을 보내고 있는 6학년 교실은 늘 묘한 기류가 흐릅니다. 생활 지도의 어려움 때문에 6학년 담임에게는 기간만큼의 가산점이 부여되고 있는데요. 그런데도 늘 지원자가 부족합니다. 1년 내내 영혼이 탈탈 털리는 극한 직업인 게 맞습니다. 이 시기의 친구들은 '엄마랑 자주 싸우게 된다, 내 마음은 안 그런데 나도 모르게 짜증이 난다, 모든 게 귀찮

223

다, 내가 왜 이러는지 모르겠다'라는 글이 들어간 일기를 자주 씁니다. 자아가 급속도로 발달하여 어른의 지시에 예민하게 반응하며 본격적인 반항이 시작되지요. 자신을 사춘기라고 생각하기도 하는데 아이들이 이렇게 조금씩 성장하고 달라지고 있다는 걸 부모가 인정하는 것이 좋은 시작입니다.

초등 사춘기 이해하기

이 시기의 아이들은 인지 능력, 사고력이 빠르게 향상되고 감정이 풍부해지지만 이 때문에 자기만의 세계에 빠져 교사나 부모와의 의사소통이 점점 어려워집니다. 하루에도 몇 번씩이나 기분이 오르락내리락하면서 감정 조절이 되지 않아 화를 벌컥 내고 울며 방문을 닫고 들어가는 모습도 보게 될 거예요. 고민은 많지만 자기와 다른 세계에 있다고 믿는 어른들에게 고민을 쉽게 털어놓지 않습니다. 부모가 말 한마디를 하면 열 마디가 나오며 제법 논리적으로 부모 의견에 반박하기도 합니다. 이제까지는 그저 친구들과 함께하는 게 즐겁고 좋았다면 이 시기에는 친구들끼리도 경쟁과 눈치 보기로 힘들어하며 앞날에 대한 막막한 두려움, 늘어나는 공부량, 학원 숙제, 학교 숙제 등으로 몸과 마음이 지치기도 합니다. 성에 대한 관심이 커지고 야한 이야기나 동영상을 함께 공유하고, 가까운 이성에게 친근감을 느끼기도 합니다. 또 친구들 사이의 무리 짓기, 따돌리기 등으로 큰 상처를 주고받는 예민한 시기이기도 합니다. 교사나 부모의 관심보다 친구들의 관심과 인정이 훨씬 더 중요하며 단체 채팅방, SNS 활동을 하면서 그 안에서 편을 갈라 싸우는 일도 있어 부모의 섬세한 관심이 필요한 시기입니다.

📋 친구들과 보내는 하루

부모의 개입이 없는, 친구들과의 탐험과 여행은 이 시기의 아이들에게 흥미롭고 유익한 경험이 될 수 있습니다. 서점, 박물관, 극장, 도서관, 대형 문구점, 옷가게 등 그동안 부모님과 함께 다녔던 공간을 친구들과 경험할 수 있도록 기회를 마련해주세요. 부모가 원하고 주도했던 일정이 아니라 본인들이 원하는 장소를 결정하고 조사하여 떠나는 1일 여행입니다. 여행 계획을 세울 때 안전에 관한 부분까지 고려하고 대비하도록 하면 어른들이 조심하라고 당부하는 것보다 훨씬 효과적일 수 있습니다. 대중교통편을 알아보고 계획하여 목적지에 다녀오고 정해진 용돈 안에서 지출하는 경험을 통해 스스로 해냈다는 성취감과 이제 어린아이가 아닌 것 같은 만족감을 얻을 거예요. 계획대로 순조롭게 진행되지 않더라도 조사과정과 시행착오 속에서 자립심과 독립심이 자랄 수밖에 없습니다. 부모의 행동이 아이를 대신하는 것이 아니라 아이 자신의 행동이 눈에 보이는 결과로 나타났을 때 자기 주도적인 습관이 자리 잡게 됩니다.

자기 주도적 학습 시도하기

부모의 조언을 '잔소리'로 규정짓기 시작하면서 아이 공부가 삐걱거리기 시작할 거예요. "왜 해야 하느냐?"며 따져 묻는 아이에게 마땅한 답을 주지 못해 쩔쩔매는 부모의 모습은 낯설지 않습니다. 그래서 이 시기에 자기 주도적 학습을 시도해야 합니다. 초등 고학년은 스스로 공부 목표, 분량을 정하고 실천에 옮기기에 가장 적절한 시기입니다. 지금까지의 공부가 엄마 주도로 이루어졌다면 이제는 달라져야 합니다. 하나하나 엄마에게 물어보고 확인받는 형태의 공부가 아니라 스스로 결정하고 주도적으로 이끌고 나가도록 힘을 실어주세요. 공부습관이 잘 잡혀 있다면 부모는 살짝 뒤로 빠지고 아이가 앞으로 주도권을 잡는 형태의 자기 주도적 학습을 시작하고 안착시키기 위해 노력해야 합니다.

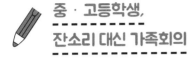
"언제부터인가 중학생 아들을 감당하기가 힘들다. 새벽 2~3시까지 스마트폰 게임과 SNS를 하느라 늦게 자는 아들을 깨우는 일이 너무도 버겁다. 소리를 질러야 겨우 일어나고 세수도 하는 둥 마는 둥, 아직도 교복을 반듯하게 입지 않는다.

아침 식사를 하면서도 끄덕끄덕 졸다가 몇 술 뜨지도 못하고 허겁지겁 학교로 향하지만 오늘도 지각일 것이다. 며칠 전 걸려온 담임선생님의 전화를 받고 아이의 학교생활이 생각보다 더 엉망이라는 사실을 알게 되었다. 주변 정리가 되지 않아 교과서가 어디에 있는지도 모르는 경우가 많고, 가정통신문은 죄다 잃어버려 받아본 적이 몇 번 없다. 수업 시간에도 무슨 생각을 하는지 통 집중하지 않고 필기도 하지 않아 지적당하는 일도 많다고 한다. 그런 아들이 급식 시간에는 반에서 제일 활기차다고 하니 좋아해야 하는 건지 아닌지 알 수가 없다. 아들이 처음부터 이랬던 것은 아니었다. 초등학생 때는 학급 부회장을 한 적도 있었다. 시간에 맞춰 스스로 하루에 2, 3개의 학원을 다녀오고 잔소리하지 않아도 숙제하고, 소소한 집안일도 거드는 기특한 아들이었다.

중2병이 무섭다더니 갑자기 돌변한 아들이 어느 순간 두렵게 느껴진다. 아들과 얘기를 좀 해보려 해도 말 걸기도 전에 방문을 세게 닫고 들어가 음악을 트는 탓에 대화도 힘들어졌다.

아들을 어떻게 대해야 할지 몰라 엄마는 오늘도 머리가 지끈거린다."

중학생 아들의 달라진 모습에 힘들어하는 엄마의 솔직 고백이었습니다. 아직은 귀엽고 철없기만 한 초등학생인 우리 아이가 몇 년 후면 중학생이 됩니다. 초등 고학년 중 발달이 빠르고 성숙한 친구들은 벌써 중학생 같기도 하고요. 중학생 아이를 키우는 부모들의 고충은 생각보다 훨씬 깊습니다. 부모와는 소통하지 않으려는 중학생 자녀를 무턱대고 방치할 수도 없어 이런저런 시도를 해보지만 쉽지 않습니다. 달라진 아이, 다른 아이가 된 것처럼 낯선 중·고등학생 시기의 습관은 좀 달라야 합니다. 삐뚤어지지 않도록 잘 키워야겠다는 욕심에 무리하게 습관을 유지하느라 부딪치기보다는 아이와의 소통을 위해 노력하는 일이 우선입니다.

📝 일시적으로 정체될 수 있어요

요즘은 사춘기가 빨라져 초등 고학년도 사춘기를 겪는다고 하지만 막상 중학생이 되면 진정한 사춘기의 터널을 통과하느라 우리 아이들은 몸도 마음도 괴롭습니다. 아이는 아닌데 그렇다고 어른도 아닌 어정쩡한 시기, 이차 성징으로 나타나는 신체 변화 등 때문에 방황하기 쉬운 시기입니다. 변하는 자신의 모습에 적응하기도 쉽지 않은데 초등학생 때까지는 허용적이던 부모님까지 간섭이 심해져 불만이 쌓입니다. 또, 초등학교 때와는 차원이 다른 수준의 학업 스트레스가 시작되면서 친구 사이에서도 이전에 느끼지 못했던 성적을 둘러싼 경쟁 구도가 형성됩니다.

중학생이 된 아이는 이 모든 상황이 피곤하고 귀찮게 느껴져 하루하루 멍하게 보내는 시간이 늘 수 있습니다. 여러 가지 변화를 겪어내느라 일상에서 수월하게 곧잘 해내던 일들에도 어려움을 겪을 수 있다는 뜻이에요. 또, 급격한 변화로 인한 스트레스와 우울감으로 인해 일상에 무기력함을 느끼기도 하고요. 이 시기에는 아이 습관의 일시적 정체가 올 수 있음을 인정해주세요. 아이는 로봇이 아니잖아요. 시기에 맞춰 정상적으로 성장하고 있는 거예요. 지나친 간섭과 통제는 부모와 아이 모두에게 상처로 남을 수 있습니다.

📓 아이와 관계 유지를 위해 노력해주세요

아이의 망가진 습관을 회복하지 못할까 봐 전전긍긍하며 몰아세우다 보면 당연히 아이와 좋은 관계를 유지하기가 어렵습니다. 이 시기의 아이들은 그저 지켜봐 주는 것만으로 충분한 경우가 많습니다. 잘했을 때는 진심으로 칭찬하지만 못했을 때는 바로 지적하기보다는 기회를 주고 잘하리라는 믿음을 심어주는 것이 관계를 유지하는 방법입니다. 부모와의 관계가 나쁜 아이는 반항 심리가 생겨 잘하던 일들을 일부러 거부하기도 합니다. 무서운 중학생이던 아이가 다시 착한 고등학생이 되었다며 한고비 넘긴 부모님들이 가슴을 쓸어내리는 모습을 본 적이 있을 거예요. 부모와 좋은 관계를 유지하는 아이들은 방황하는 기간이 짧은 편이어서 곧 예전의 습관을 회복하고 성숙한 어른이 되어가는 일에 속도를 낸답니다. 그때까지는 '나쁘지 않은 관계'를 유지하기 위해 애써주세요.

📒 잔소리 대신 가족회의

생활이 점점 엉망이 되는 아이를 보는 일은 부모로서 여간 힘든 게 아닙니다. 초등학교 때 잘해오던 일들마저 대충하는 아이를 보면 화가 나서 잔소리를 하게 되지요. 아이를 마냥 지켜보는 일에도 한계가 있다는 생각에 어느 날은 작정하고 화를 내지만 돌아오는 것은 아이의 싸늘한 반응과 부모의 후회뿐일 거예요.

중학생 아이를 감당하기 힘든 순간이 찾아오면 아이와 싸우고 잔소리와 간섭을 퍼붓기보다 가족회의 시간을 마련해보세요. 온 가족이 모인 자리에서 서로가 마음을 툭 터놓고 각자의 힘든 점에 대해 말하고, 개선할 수 있는 방법을 찾아보면 어떨까요? 자신으로 인해 가족 역시 힘들다는 사실을 알면 아이도 느끼는 바가 있을 거고요. 일방적인 지시가 아니라 회의를 통해 결정된 사안에 따르는 것이니 거부감이 덜할 거예요. 반복되는 하소연, 화풀이, 잔소리보다는 마음을 다해 도움을 청하는 부모의 말에 아이의 마음도 움직일 것입니다.

📒 공부만 잘하면 된다는 생각을 바로잡아주세요

우리는 중·고등학생이 된 아이가 무엇보다 학업에 전념하기를 바랍니다. 그것을 위해 아이가 충분히 할 수 있을 만한 일상의 작은 일들을 대신에 해주며 그 에너지와 시간을 온전히 공부에 사용하기를 바라지요. 하지만 초등시절 잘 유지해온 습관에 예외를 두면서까지 공부시간을 확보해주려는 노력은 굳이 필요하지 않습니다. 매일 10분이면 계속해오던 일상의 습관을 이어갈 수 있거든요. 자기 방을 정리하고 세탁할 옷을 세탁실로 가져가는 작은 집안일을 계속하게 해주세요. 공부만 잘하면 된다는 착각에서 부모가 먼저 벗어나야 합니다. 공부한다는 이유로 왕처럼 구는 아이의 모습에 화가 나고, 기대보다 못한 성적에 배신감을 느끼게 될 뿐입니다. 공부할 양이 늘었다고 매일 습관의 본질이 달라지지 않는다는 것을 기억해주세요.

유형별로 알아보는 초등 매일 습관 만들기

📝 스마트폰 사용에 대한 자기 조절력을 키워주세요

중·고등학생의 스마트폰 사용 시간은 폭발적으로 늘어나고 중독처럼 한시도 손에서 놓지 못하는 모습이 흔하지만 이에 관한 뚜렷한 원칙 없이 점검하지 않는 부모가 많다는 점은 너무나 안타깝습니다. 로버트 프레스먼 공저의 저서 《숙제의 힘》을 보면 하루 1시간 이상 미디어를 사용하는 학생들의 사회성이 전보다 현저히 낮아지며, 이 학생들은 침대 정돈이나 옷 정리하기 등의 단순한 집안일을 하는 것에도 어려움을 느낀다는 내용이 나옵니다. 하던 게임을 중단하기 싫어서, 보던 영상을 계속 보고 싶어서, 친구들과의 단체 채팅에 빠져 해오던 일상의 역할을 귀찮아하고 짜증스러워하는 거죠.

많은 부모가 사춘기 자녀들의 고집을 꺾지 못해 그들이 원하는 것을 어쩔 수 없이 허용하고 있는데, 이거 정말 괜찮을까요? 스마트폰에 일정 시간 이상 노출될 경우 겪을 수 있는 문제점에 대해 자녀와 이야기를 나누는 시간은 반드시 필요하며 이에 대한 원칙, 규칙을 함께 만들어야 합니다. 누가 더 스마트폰을 절제할 수 있느냐에 따라 능력이 결정되는 시대가 왔음을 기억해주세요.

가족
형태별
매일 습관 만들기

대가족,
일관된 가르침이 필요해요

  맞벌이 부부가 많아지면서 육아의 도움을 받기 위해 장기적으로 때론 단기적으로 대가족 형태를 꾸리며 생활하는 가정이 늘고 있습니다. 한집에 살지 않더라도 조부모님께서 가까이 지내면서 적극적으로 육아를 도와주는 경우도 아이 교육 관점에서 보면 대가족에 해당합니다. 또 조부모님과 일주일에 1회 이상씩 자주 만나고 아이의 성장과 양육에 많은 영향을 받는 경우도 해당되는 부

유형별로 알아보는 초등 매일 습관 만들기

분이 많습니다. 아이가 할아버지, 할머니께도 교육적으로 영향을 받고 있다면 대가족 상황으로 바라보며 함께 노력할 부분이 있습니다. 자식보다 더 예쁘다는 손주를 바라보는 할아버지, 할머니의 넘치는 애정은 아이가 평생 받는 애정의 절대적인 양을 늘려 '충분히 사랑받고 있다'라는 만족스러운 느낌이 들게 합니다. 나를 지지해주고 조건 없는 사랑을 주는 존재가 많다는 것은 더 없는 축복이고 행운이지요. 하지만 때로 이렇게 부모의 도움을 받으며 심리적으로 밀착하여 생활하는 것이 아이의 습관을 만드는 면에서는 예상치 못한 어려움을 주기도 합니다.

아이 주변의 더 많은 성인의 존재는 아이가 도움을 청할 수 있는 더 많은 존재가 있다는 의미기 때문에 사랑은 많이 받지만 혼자 할 마음도 능력도 없는 아이가 될 수도 있어요. 실제로 초등 입학 초 적응 기간이 끝나고 대부분의 교실 아이들이 서서히 나 홀로 하교를 시도하는 시기에도 여전히 교실 뒷문에 서서 손주를 기다리는 할아버지가 계신답니다. 할머니와 엄마 사이에서 행복하고 헷갈리는 우리 아이, 어떻게 습관을 잡아야 할까요?

📋 조부모와 부모 사이에 충분한 대화가 우선입니다

스스로 해내는 아이로 키우기 위한 습관 만들기를 시작하기 위해서는 양육자 모두의 동의가 필요합니다. 아이의 습관은 같은 시선, 일관된 태도를 보이는 주변 어른들의 양육 방식을 통해서만 효과를 볼 수 있습니다. 할머니 앞에서의 행동과 엄마 앞에서의 말투, 행동이 달라지는 건 자연스러운 모습이지만 어느 정도의 기본 규칙은 공유하고 지키기 위한 노력이 필요하지요. 서로 관찰하고, 눈치 보고, 짐작하는 것으로 그치는 것이 아니라 적극적인 대화를 시도해주세요. 아이 등하교 방식, 등교 준비를 돕는 정도, 하교 후 일정 관리, 식사 준비, 가사일 분담 등 중요한 몇 가지에서의 아이 행동과 일관된 방식을 정하고 일상의 규칙을 함께 지켜가면 됩니다. 할머니가 계실 때는 손 하나 까딱하지 않아도 입속까지 맛난 음식이 착착 들어오고 신나게 TV를 보던 아이가 모처럼 엄마가 휴가인 날에는 스스로 가방을 챙기고 정리하고 TV를 금지당하고 식사 준비까지 도와야만 한다면 아이는 엄마가 매일 직장에 가버리기를 소원할지도 모릅니다.

📖 어른 각자가 아이에 대한 도움을 최소화하기로 다짐하세요

부모 두 사람이 서너 명의 아이를 키우는 것과 조부모, 부모까지 네 사람이 한두 명의 아이를 키우는 것은 에너지의 차이가 상당합니다. 굳이 노력하지 않아도 무심코 돕게 되고 해줄 수 있는 일들이 널렸어요. 부모 두 사람이 도와줄 수 있는 상황이 아닐 때 아이 스스로 알아서 해야 할 일들의 종류, 개수가 확연히 적은 것

유형별로 알아보는 초등 매일 습관 만들기

이죠. 도움이 풍족한 상황은 혼자서는 아무것도 하지 못하는 아이로 자라게 할 수밖에 없어요. 애정표현과 도움은 다릅니다. 아이에 대한 애정표현이라 생각하면서 굳이 해주지 않아도 될 아이의 일을 해주면서 잔소리까지 동반하는 어른이 넷이라면 아이는 충분히 사랑받고 있다고 느낄까요? 양육하는 어른 각자가 아이에 대한 도움을 최소화하기로 결연히 다짐하고 실천으로 옮겨야 합니다. 서로의 눈치를 보느라 더 돕고 더 챙기고 더 간섭하는 분위기에서는 더 많이 허용하고 도움을 주는 어른이 나를 더 사랑한다고 생각하고 더욱 의존하려 할 수밖에 없습니다. 손이 많아 생기는 여유를 더 많은 애정으로 표현하되 도움과 잔소리로 표현되지 않게 해주세요.

핵가족,
아빠와 엄마의 교육적 역할 분담이 중요해요

요즘은 부모와 자녀들이 함께 생활하는 핵가족이 가장 일반적인 가족 형태입니다. 부부의 교육관이 고스란히 자녀에게 전달될 수 있다는 점에서 교육의 효율이 상당히 높습니다. 부모 두 사람의 영향력이 아이에게 절대적인 영향을 미치고 있다는 의미랍니다. 젊고 에너지 넘치는 부모와 친구 같은 관계로 성장하는 가족 상황은 긍정적인 면이 많지만 모든 것이 그렇듯 아쉬운 면도 있습니다. 아이는 때로 직장, 육아로 지친 부모에게 충분한 애정을 받지 못한다고 느낄 수도 있으며 다른 어른, 노인과의 관계를 낯설어하기도 합니다. 습관이 되어 있지 않아 존댓말 사용과 예의범절에 서툴 때도 있지요. 모든 것을 가질 수 없다는 것을 인정하고 처한 상황에서 얻을 수 있는 긍정적인 면에 집중하면서 육아의 긴 시간을 보냈으면 합니다. 핵가족 상황에서 아이에게 더 많은 것을 줄 수 있는 방법, 어떤 것이 있을까요?

📝 아빠, 엄마의 균형 잡힌 교육적 역할 분담

자녀교육에 관한 큰 그림을 부부가 함께 그려본 후 역할을 분담하여 분야의 주도권을 나눠보세요. 아빠 아니면 엄마, 엄마 아니면 아빠입니다. 다른 기댈 곳이 없으니 이 아이의 교육은 오직 아빠, 엄마의 몫입니다. 아빠도 엄마도 누구 한 사람이 책임질 수 없으며 그럴 필요도 없습니다. 물론 한부모 가정인 경우 현실적인 어려움이 있겠지만 대부분의 핵가족 상황이라면 아빠, 엄마 두 사람의 균형 잡힌 역할 분담이 자녀교육의 성패를 좌우합니다.

학습, 학교상담, 가사일 분담, 성교육 등은 엄마가 맡고 여행, 경제교육, 운동, 스마트폰 사용 등은 아빠가 주도하는 식으로 가정 상황에 맞게 원칙을 세우는 것입니다. 핵가족이라는 특성상 아이에게 미치는 부모의 영향력이 절대적이기 때문에 한 분야에 대해 아빠와 엄마가 서로 다른 원칙을 가지고 있으면 아이의 혼란은 훨씬 더 깊어집니다. 따라서 분야를 나눈 후에는 서로의 분야에 대해서는 간섭하거나 지적하지 않았으면 해요. 큰 그림에서 벗어나지 않는다면 말이지요. 또 부부 양쪽이 상대의 양육 방식에 동의하지 않더라도 아이 앞에서는 내색하지 말아주세요. 엄마가 식사 준비를 도와달라고 부탁했는데 아빠가 애한테 그런 거 시키지 말라고 해버리면 아이는 '아빠 최고'를 외치며 더 편한 쪽으로 기울기 마련입니다.

📋 예의범절, 인사 습관

교실에서 아이들과 이런저런 이야기를 나누다 보면 할아버지, 할머니와 함께 사는 친구들이 상대적으로 인사와 존댓말 습관이 몸에 배어있는 경우를 많이 봅니다. 성인이 되어서도 존댓말 사용이 서툰 경우는 핵가족 형태인 경우가 많고요. 교실 속 많은 친구가 핵가족 형태로 살고 있는데요. 어른에 대한 경험이 부족해서 상대적으로 높임말 사용, 인사, 어른에 대한 예의범절이 서툴 수밖에 없습니다. 나쁜 의도가 전혀 없고 충분히 가르쳤음에도 불구하고 선생님이나 이웃 어른들께 예의 없는 아이로 오해받기도 합니다. 외국에서 오랫동안 생활했던 사람이 한국에서 사회생활을 하게 되면 의도치 않게 '건방지다'라는 오해를 받는 것과 비슷한 상황일 거예요. 가정에서 일상에서 조금 더 신경 써서 높임말을 연습할 기회를 제공하고 주변 어른들께 인사할 때 부족함이 없는지 관심을 가지고 습관을 만들어주세요.

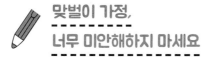

맞벌이 가정, 너무 미안해하지 마세요

초등 새 학년이 시작되는 3월 한 달, 교실 안에서 유독 눈에 띄게 야무지고 똑 부러지는 말과 행동으로 칭찬받는 아이들을 보면 맞벌이 가정인 경우가 많습니다. 부모의 바쁜 손을 도와 알아서 자기 일을 해결해본 경험이 상대적으로 많기 때문이겠지요. 그림자처럼 함께 다니고 언제나 집에서 대기하고 있다가 바로 도움을 주는 어른이 없으니 혼자 해결하는 일상에 익숙해진 거예요. 아직 어린 것 같은데 자신을 직접 챙기는 일에 익숙한 아이를 볼 때마다 바쁘고 분주한 직장 부모는 미안하고 안타까운 마음이 많이 들 거예요. 괜히 우리 아이만 눈치 보며 자라는 것 같고, 외로워 보이고, 부족하게 느껴집니다.

239

하지만 어떤 상황이라도 긍정이 중요합니다. 지금의 이 상황을 바꿀 수 없다면 이런 환경에서 성장하고 있는 덕분에 얻을 수 있는 것들에 집중하여 긍정 에너지 가득한 습관을 만들어주세요. 어떤 상황에서도 얻는 게 있으면 잃는 게 있는 법이라는 거, 우리 알고 있잖아요. 이것저것 많은 물건을 사주면서 미안한 마음을 달래기보다는 독립적이고 성숙한 아이로 자랄 수 있는 유익한 기회로 삼았으면 해요.

📝 스마트폰 사용 원칙 정하기

폴더폰? 키즈폰? 스마트폰? 맞벌이 가정의 초등 입학 준비는 스마트폰 개통으로 시작됩니다. 사주긴 해야 할 것 같은데 아이는 스마트폰을 졸라댑니다. 하지만 절대 넘어가지 마세요. 특히 학교를 마친 후 혼자 학원으로 이동하고, 집에서 혼자 있는 시간이 긴 경우라면 스마트폰은 절대 사주지 마세요. 스마트폰에 빠져 내내 화면만 쳐다보면서 길을 건너고 학원버스를 기다리는 행동은 아무리 스쿨존이라 하더라도 아이 안전에 치명적일 수 있어요.

게임과 영상에 빠진 아이에게는 보이고 들리는 것이 없습니다. 학교 앞에서 아무렇지도 않게 신호와 제한 속도를 어기는 차들도 적지 않다는 것을 잘 알 거예요. 아직 스마트폰을 꼭 들고 다녀야 할 이유가 없는 초등 아이들이 겨우 스마트폰 때문에 목숨을 잃게 하지 마세요. 부모님이 퇴근하기 전까지의 오후 시간에 혼자 집에 있으면서 서서히 게임 중독, 유튜브 중독에 빠지는 아이들이 너무나 많습니다. 독이 든 음식을 먹으라고 하지 마세요. 게임을 좋아하고 유튜브를 보고 싶어 한다면 평일에 부모님이 퇴근한 후나 주말처럼 부모와 함께 있는 시간에 하기로 약속을 정하세요.

또, 아이에게 스마트폰이 있다고 해서 퇴근 전까지 수시로 통화할 필요도 없습니다. 학교가 끝나면 교실을 빠져나가면서 대부분의 아이들이 하는 똑같은 행동이 있어요. 가방에 있던 스마트폰을 꺼내 전원을 켜고 곧장 엄마에게 전화해서 묻지요.

"나 이제 어디 가?"

오늘 수업을 마치고 어디로 이동해야 하는지는 1학년도 기억할 수 있습니다. 부모라는 내비게이션이 지시하는 대로만 이동하고 로봇처럼 시간을 보내게 하지 마세요. 충분히 혼자 할 수 있습니다. 혹시 자주 깜빡하거나 아직 습관이 잡히지 않았다면 알림장에 미리 주요 일정을 적어주고, 그걸 미리 확인하면서 이동하도록 습관을 만들어주세요. 간혹 몸이 좋지 않거나 갑작스럽게 일정이 변경되는 등의 돌발 상황에만 한 번씩 통화하며 조율하는 식으로 정착되면 충분합니다. 불필요한 잦은 통화, 수동적으로 움직이는 패

턴은 엄마의 불안을 잠재울 수 있을지 모르지만 아이를 위한 습관
은 결코 아니랍니다.

📋 너무 미안해하지 마세요

깜빡 잊고 학교 준비물을 챙겨가지 못한 아이, 학원 시간이 바
뀐 것도 모르고 학원버스를 하염없이 기다린 아이, 열이 나고 아
파도 쉬지 못하고 등교해야 하는 아이, 학교를 마치면 여기저기
학원을 돌다가 배고픈 저녁이 되어서야 집에 들어서는 아이. 맞벌
이 부모는 늘 아이에게 죄인입니다. 나이에 비해 성숙하고 의젓한
아이를 보면 대견한 마음보다 짠한 마음이 앞서지요. 직장 때문에
바빠 반 모임 한 번 못 나가고, 아이 운동회에 가보지 못하는 날에
는 직장을 그만둬야 하나 심각한 고민에 빠지기도 합니다.

이제, 그만 미안해했으면 좋겠습니다. 상황은 바뀌지 않는데,
늘 미안하고 안타까운 표정으로 아이를 바라본들 바뀌는 것은 없
거든요. 당당하고 씩씩하게 열심히 일하는 아빠, 엄마의 모습을
보여주세요. 이 모든 수고와 희생이 다름 아닌 가족과 아이 자신
을 위한 결정이었음을 정확하게 전해주고요. 미안함 대신 고마움
을 표현해주세요. 한 사람의 직업인으로서 부지런히 사는 부모님
의 모습을 보며 아이는 비슷한 모습으로 성장해가고 있답니다.

📋 지나친 역할은 독이 됩니다

　바쁜 부모를 대신해 자신을 챙기는 하루하루는 아이의 일상 습관을 빠르게 정착시킵니다. 그 과정에서 결과적으로 또래보다 성숙해지기 때문에 교실 속 친구를 동생처럼 여기거나 일일이 간섭하기도 합니다. 어릴 때부터 똑 부러지고 뭐든 혼자서도 야무지게 잘한다는 칭찬을 일상처럼 듣고 자랐기 때문에 자신이 하는 행동이 모두 옳으리라 생각하며, 자기 생각을 친구에게 강요하기도 하고요. 때로 담임 선생님, 학원 선생님의 도움마저 거부하면서 끝까지 혼자서 해결하려고 고집을 부리기도 하지요.

　안타깝게도 알아서 척척 해주는 것이 고맙고 편한 부모는 이런 성향 때문에 친구 관계에 문제가 생길 수 있다는 것을 모르는 경우가 많습니다. 무리하게라도 알아서 잘하니까 조금 더 알아서 하라고 하는 상황이지요. 우리 아이가 혼자서도 의젓하게 잘하고 있다는 이유로 나이에 비해 과하다 싶은 역할을 주지는 마세요. 혼자서도 잘 해내는 아이인 것은 분명하지만 그렇다고 일상의 모든 일을 혼자서 다 해결할 필요는 없습니다. 적어도 초등 시기까지는 적절하게 어른의 도움과 지혜를 빌려 좋은 습관을 하나씩 예쁘게 만들 수 있도록 신경 써주세요. 지나친 역할은 독이 될 수 있답니다.

유형별로 알아보는 초등 매일 습관 만들기

Oprah Gail Winfrey
오프라 윈프리 ←

미국 최고의 방송인, 《타임지》 선정 역대 최고의 TV쇼 진행자인 오프라 윈프리(Oprah Gail Winfrey) 아시죠? 그녀가 가난과 차별을 딛고 성공의 길을 걷게 된 이야기는 이미 널리 알려져 있는데, 그 중에서도 우리 아이들이 스스로 해내는 힘을 키우기 위해 본받을 만한 부분을 보려 합니다.

어린 오프라는 농장일을 하는 할머니와 살았었기 때문에 주변 이웃도 없이 농장의 가축들에게 말을 건네며 시간을 보냈다고 합니다. 그러던 중 할머니께서 편찮으셔서 어머니가 사는 도시로 이사했는데 다른 환경, 처음 만나는 동생, 파출부 일로 늘 바쁜 엄마 때문에 힘들어하다가 결국 아버지와 새어머니에게로 가게 되지요. 아버지와 새어머니는 도전적이고 진취적인 그녀를 위해 교육

244

환경을 마련해주려 노력하셨습니다. 덕분에 우수한 성적으로 명문 사립학교에 진학할 수 있었지만 학교의 유일한 흑인이라는 사실, 친구들과 비교할 수 없을 정도의 가난한 현실에 열등감과 좌절을 겪게 됩니다. 또, 친척들에게 성적 학대를 당하다가 임신을 하게 되었고 태어난 아이는 곧 죽었습니다.

잠시의 방황을 끝내고 동네 고등학교에 다시 진학한 뒤 두각을 나타내며 전교 회장이 되었고, 말하기 대회에서도 좋은 결과를 얻어 겨우 19살의 나이로 지역 방송국의 라디오 프로그램을 진행하게 됩니다. 저녁 뉴스 공동 캐스터 시절, 뉴스에 감정을 실어 전달했다는 이유로 8개월 만에 해고되었지만 이런 능력 덕분에 토크쇼를 시작하게 되죠. 몇 년 뒤 이 프로그램은 우리가 아는 '오프라 윈프리 쇼(Oprah Gail Winfrey Show)'라는 이름으로 바뀌었고 지역 방송뿐만이 아니라 미국 전역에 동시에 방송되기 시작했어요.

이 프로그램은 고백적 형태의 미디어 커뮤니케이션을 만들어냈으며 정치·경제·스포츠·종교·예술 등 다양한 분야의 출연자는 물론 일일 시청자 수 700만 명이라는 대기록도 가지고 있습니다. 오프라 윈프리가 유명해진 후 친척 중 한 사람이 그녀가 다른 친척들에게 성폭행당했다는 사실을 알렸지만 그녀는 숨기지 않고 솔직하게 밝혔습니다. 그 덕분에 성폭행으로 피해받고 있던 사람들이 신고하거나 도움을 청할 수 있게 되었지요.

▌ 만약 100만 달러를 받는다면,

그녀가 거의 무명이던 시절에 지역 방송 토크쇼에 나와서 한 인터뷰는 아이들과 함께 생각해볼 만합니다. 당시 질문은 "만약 100만 달러를 받는다면 어떻게 하겠습니까?"였는데요. 대부분의 참가자가 '저축하겠다, 부모님께 집을 사드리겠다'라고 한 것과 달리 그녀는 자신을 위해 마음껏 쓰겠다고 답했습니다. 그 돈을 다 쓰면 어떻게 하겠냐는 또 다른 질문에 그만큼 계속 벌 자신이 있다고 대답했으며, 결국 그녀는 자신의 말 그대로 되었지요. 이 이야기는 나 자신에게 충실하고 내면을 채우면 다른 사람들에게 흔들리지 않고 나아갈 수 있다는 그녀의 신념을 보여준다고 생각합니다. 그런 그녀가 삶의 경험을 통해 남긴 조언 중 스스로 해내는 힘을 가진 아이로 키우는 일에 도움을 얻을 만한 것들이 있습니다.

- 이 세상의 모든 일은 당신이 무엇을 생각하는가에 따라 일어난다.
- 앞으로 나아가기 위해 외적인 것에 의존하지 마라.
- 당신의 권한을 다른 사람에게 넘겨주지 마라.
- 일과 삶이 조화를 이루도록 노력하라.
- 남들의 호감을 얻으려고 애쓰지 마라.
- 감사할 수 있는 사람이 삶의 주인공이 되고, 선택권을 가질

수 있다.

그러니 맞벌이라서, 배우자와 헤어지고 혼자 아이를 키워서, 동생이 생겨서, 몸이 아파서 등의 다양한 이유로 아이와 열정적인 시간을 보내지 못하는 것을 미안해하며 자책하지 마세요. 오프라 윈프리가 어려움을 딛고 엄마의 빈자리를 이겨내고 습관과 의지의 힘으로 성공을 이뤄낸 모습에 주목하세요. 아이를 눈부시게 성장시키는 힘은 함께 하는 절대적인 시간, 하나하나 챙겨주는 부모의 도움이 아니라 아이가 스스로 해낼 것을 믿고 격려하는 태도라는 것을 기억하고 힘내세요.

유형별로 알아보는 초등 매일 습관 만들기

참고 논문

- 김영재(2014), 「'인사'프로젝트를 통한 초등학교 고학년 학생들의 인사 습관과 수업 태도의 변화」
- 정혜선(2015), 「초등학생의 인성과 학업 성취도의 관계에서 정리정돈 습관의 매개 효과 분석」

참고 도서

- 초등 6년이 아이의 인생을 결정한다/이은경 외/가나출판사
- 다섯 가지 미래 교육 코드/김지영/소울 하우스
- 아이의 실행력/페그 도슨, 리처드 구아르/북하이브
- 유대인 엄마의 힘/사라 이마스/예담프렌드
- 부모라면 유대인처럼/고재학/예담프렌드
- 유대인에게 배우는 부모수업/유현심 서상훈/성안북스
- 아이의 친구 관계, 공감력이 답이다/김붕년/조선앤북
- 질문이 있는 식탁 유대인 교육의 비밀/심정섭/예담
- 유대인의 탈무드 식 자녀교육법/이대희/베이직 북스
- 행복한 어른이 되는 돈 사용 설명서/미나미노 다다하루/공명
- 부자들의 자녀교육/방현철/이큰

- 딸 키울 때 꼭 알아야 할 12가지/이안 그랜트, 메리 그랜트/ 지식너머
- 보리 국어사전
- 어린이를 위한 정리정돈/함윤미 글/위즈덤하우스
- 정리만 잘해도 성적이 오른다/다쓰미 나기사/북뱅크
- 독일 엄마의 힘/박성숙/황소북스
- 내 아이를 위한 칼 비테 교육법/이지성/북인사이드
- 큰소리 내지 않고 우아하게 아들 키우기/임영주/노란우산
- 미라클 리스트/유발 아브라모비츠/마일스톤
- 영혼을 위한 닭고기 스프/잭캔필드/푸른숲
- 기적의 수업 멘토링/김성효/행복한미래
- 똑똑똑 핀란드 육아/심재원/청림라이프
- 나는 희망의 증거가 되고 싶다/서진규/랜덤하우스코리아
- 인생 수업/법륜/휴
- 첫째 아이 마음 아프지 않게, 둘째 아이 마음 흔들리지 않게/ 이보연/교보문고
- 내 생애 가장 용감했던 17일/한국로체청소년원정대/푸른숲 주니어
- 세계 최고의 교육법/류선정 외/이마
- 우리도 행복할 수 있을까/오연호/오마이북

- 기다림 육아/이현정/지식너머
- 외동아이 키울 때 꼭 알아야 할 것들/모로토미 요시히코/나무생각
- 참쉽다 사이판에서 한달살기/이은경 외/황금부엉이
- 우리 아이 작은 습관/이범용/스마트북스
- 아이의 공부습관을 키워주는 정리의 힘/윤선현/예담friends
- 십 대가 알아야 할 인공지능과 4차 산업혁명의 미래/전승민/팜파스
- 미래의 교육/김경희/예문아카이브
- 4차 산업혁명, 교육이 희망이다/류태호/경희대학교출판문화원
- 그릿: IQ, 재능, 환경을 뛰어넘는 열정적 끈기의 힘/엔절라 더크워스/비즈니스북스

 참고 사이트

- 네이버 지식백과사전
- 다음 백과사전
- 위키백과
- 진로정보망 커리어넷 www.career.go.kr

참고자료

- SBS 스페셜 〈아이와 여행하는 법〉 편
- EBS 다큐프라임 시험 5부 〈누가 1등인가〉
- 아이랑 TV 〈로체청소년원정대〉
- 유튜브 채널 〈세바시〉, 〈인생선배 임작가〉, 〈해피이선생〉,
  〈슬기로운초등생활〉

초등 매일 습관의 힘

2020년 4월 1일 초판 1쇄 발행
2020년 12월 16일 초판 3쇄 발행

지은이 | 노정미, 명대성, 박미경, 송현진, 유현정, 이동미, 이성종, 이은경,
　　　　이은주, 이장원, 이정은, 이현정, 최지욱, 한송이, 황희진
펴낸이 | 이종춘
펴낸곳 | (주)첨단

주소 | 서울시 마포구 양화로 127 (서교동) 첨단빌딩 3층
전화 | 02-338-9151
팩스 | 02-338-9155
인터넷 홈페이지 | www.goldenowl.co.kr
출판등록 | 2000년 2월 15일 제 2000-000035호

본부장 | 홍종훈
편집 | 주경숙, 신정원
디자인 | 윤선미
전략마케팅 | 구본철, 차정욱, 나진호, 이동후, 강호묵
제작 | 김유석
경영지원 | 윤정희, 이금선, 이사라, 정유호

978-89-6030-549-6　13590

BM 황금부엉이는 (주)첨단의 단행본 출판 브랜드입니다.

황금부엉이에서 출간하고 싶은 원고가 있으신가요? 생각해보신 책의 제목(가제), 내용에 대한 소개, 간단한 자기소개, 연락처를 book@goldenowl.co.kr 메일로 보내주세요. 집필하신 원고가 있다면 원고의 일부 또는 전체를 함께 보내주시면 더욱 좋습니다.
책의 집필이 아닌 기획안을 제안해주셔도 좋습니다. 보내주신 분이 저 자신이라는 마음으로 정성을 다해 검토하겠습니다.

이은경 선생님의 저서에
쏟아진 찬사

낯선 곳에서의 시작과 초등학교 입학이 은근 고민이었는데 이 책을 만난 건 행운이네요. 책 속 조언들과 유용한 노하우들을 토대로 올 한 해, 잘 계획해봐야겠어요. -eu**12

일반적인 육아서에서 이론과 상담일지를 쭉 늘어놓은 식이 아닌 실질적이고 실용적인 정보로 가득합니다. 읽으면서 느낀 건 정말 가독성이 뛰어나 작가의 문필력에 감동했어요. -ch**mpin

어떻게 해야 할지 막막하기만 한데 너무 좋은 책을 만나게 되어 적극 추천하고 싶습니다. 정말 이 책은 잠깐 우리아이 입학시키기 전에만 보는 책이 아니라 1년 내내 펼쳐보는 책이 될 거 같아요. -강*맘

하염없이 엄마들의 마음을 어루만져 주다가도 선생님 입장에서 단호한 입장을 보이는 부분도 좋았어요. 확실히 두 입장을 다 겪어보신 분이라 이해도 쉽고 많이 와 닿더라구요. -go**mary7

저 웬만하면 책 추천 잘 안 하는데 너무 실질적인 도움을 많이 받아서 한번 추천해봅니다...^^ 도움받을 만한 자료 사이트도 풍성하고요. -gi**sg

정말 제목처럼 1년 내내 펼쳐 보는 초등 1학년 학교생활 가이드!!! 진짜 궁금했던 점들이 많이 해결되더라구여~^^ 저처럼 첫아이 초등입학 시키는 분들에게 더 큰 도움이 되는 책이 될 듯합니다(*^^*)/// -ey**0110

책을 읽어 내려가며 우아우아~~~ 연신 감탄이었답니다. 정말 여러 번 읽어봐야겠어요. -sk**0614

많디 많은 책 중에서 어떤 걸 골라야 할지... 망설이고 계시다면! 이른비 님의 "초등학교 입학준비" 당당하게!! 자신 있게!! 적극!! 추천드립니다~~ 정말 괜찮아요~~! 걍 이거저거 사시지 말고 그냥 요거 하나만! 정독하시면 다 해결되시리라 봅니다~~!! -pc**ys

이은경 저자의 **THE BETTER LIFE BOOK**

#꿈에 그리던 한달살기 #사이판 #준비과정

참 쉽다 사이판에서 한달살기

이은경 · 이정은 · 김도이 · 김희상 지음

이 책은 아이와 함께 한달살기 여행을 꿈꾸지만 막상 현지에서 무엇을 해야 할지 모르는 엄마들을 위해 한달살기 준비과정부터 학교 등록하기, 방과후 레슨 알아보기, 마켓과 야시장에서 장보기 등의 현지 생활 정보 등을 빠짐없이 제공한다. 사이판 한달살기를 여러 차례 경험한 저자들의 경험담과 현지 교민들이 제공하는 생생한 정보가 합쳐진 이 책 한 권으로 누구라도 당장 사이판 한달살기를 떠날 수 있다.

#행복한 학교생활 #1년 내내 펼쳐 보는 #가이드북

참 쉽다 초등학교 입학 준비

이은경 지음

이 책은 아이의 초등학교 입학을 앞두고 어떤 부분을 미리 준비하고 신경 써야 할지 모르는 학부모를 위한 안내서이다. 15년 차 초등 교사인 저자가 그동안 겪었던 1학년 아이들과 학부모에 대한 생각, 연년생 아이 둘을 초등학교에 입학시킨 학부모로서 겪은 1학년에 대한 이야기를 정리했다. 교사와 학부모, 양쪽의 균형 잡힌 시각으로 초등 1학년의 학교생활, 가정생활, 공부 습관, 부모가 가져야 할 습관 등을 안내한다. 예비 초등 학부모는 물론 초등 저학년 아이를 둔 학부모에게도 도움이 되는 내용들이 가득하다.

스스로
습관 만들기
8주 챌린지북

We can do it!

값 15,500원

13590

BM 황금부엉이

9 788960 305496
ISBN 978-89-6030-549-6

스스로 습관 만들기
8주 챌린지북

매일매일 쌓아가는 스스로 습관 만들기

오늘은 또 어떤 일을 혼자 해볼까요?
혼자 할 수 있는 일이 많아질수록 내가 편안해지고 즐거워질 거예요.
매일매일 스스로 습관을 쌓아가며 혼자 할 수 있는 일의 종류를 늘려보세요.

스스로 하고 나면 어떤 느낌이 드나요?

일주일간 스스로 해보고 나서 느껴지는 마음을 적어보세요. 정말 이 많은 걸
내가 다 했다는 게 믿어지지 않죠? 어려워 보이는 일도 한번 도전해보고 싶
어질 거예요. 아주 잘했어요. 칭찬합니다.

스스로 할게요, 칭찬해주세요

부모님의 사랑이 듬뿍 담긴 칭찬을 먹고 쑥쑥 자랄 거예요.
스스로 하는 저의 모습에 아낌없이 칭찬을 보내주세요.

하루가 56일이 되면 기적이 일어납니다

모든 것을 혼자 하기가 너무 힘들 것 같나요? 맞아요. 그렇게 생각할 수 있
어요. 그럼, 이건 어때요? 하나씩 아니 하나만 시작해보세요. 그리고 다시 또
다른 하나에 도전하는 거예요. 그렇게 8주가 지나면 어느새 예쁘고 멋진 습
관이 내 것이 되어 있을 거랍니다.

스스로 습관 1주 차
(월 일 - 월 일)

요일	월	화	수	목	금	토	일
날짜							
침대, 이부자리 정리							
책가방 챙기기, 정리하기							
내 방 책상, 책장, 서랍 정리							
식사 후에 그릇, 수저 치우기							
겉옷 정리, 빨랫감 정리							
양치질, 손 씻기, 샤워							
독서							

노력을 중단하는 것보다 더 위험한 것은 없다.
습관은 버리기는 쉽지만, 다시 들이기는 어렵다.
-빅토르 마리 위고

요일	월	화	수	목	금	토	일
날짜							
등굣길, 하굣길에 인사드리기							
선생님께 인사드리기							
친구들에게 인사하기							
스마트폰 사용 시간 지키기							
스스로 습관 나의 소감							
스스로 습관 부모님 칭찬							

003

스스로 습관 2주 차

(월 일 - 월 일)

요일	월	화	수	목	금	토	일
날짜							
침대, 이부자리 정리							
책가방 챙기기, 정리하기							
내 방 책상, 책장, 서랍 정리							
식사 후에 그릇, 수저 치우기							
겉옷 정리, 빨랫감 정리							
양치질, 손 씻기, 샤워							
독서							

의식적으로 좋은 습관을 형성하려고 노력하지 않으면 자신도 모르는 사이에 좋지 못한 습관을 지니게 된다. -디오도어 루빈

안녕하세요

요일	월	화	수	목	금	토	일
날짜							
등굣길, 하굣길에 인사드리기							
선생님께 인사드리기							
친구들에게 인사하기							
스마트폰 사용 시간 지키기							
스스로 습관 나의 소감							
스스로 습관 부모님 칭찬							

스스로 습관 3주 차
(월   일 -   월   일)

요일	월	화	수	목	금	토	일
날짜							
침대, 이부자리 정리							
책가방 챙기기, 정리하기							
내 방 책상, 책장, 서랍 정리							
식사 후에 그릇, 수저 치우기							
겉옷 정리, 빨랫감 정리							
양치질, 손 씻기, 샤워							
독서							

생활은 습관이 짜낸 천에 불과하다.

-아미엘

요일	월	화	수	목	금	토	일
날짜							
등굣길, 하굣길에 인사드리기							
선생님께 인사드리기							
친구들에게 인사하기							
스마트폰 사용 시간 지키기							
스스로 습관 나의 소감							
스스로 습관 부모님 칭찬							

스스로 습관 4주 차
(월 일 – 월 일)

요일	월	화	수	목	금	토	일
날짜							
침대, 이부자리 정리							
책가방 챙기기, 정리하기							
내 방 책상, 책장, 서랍 정리							
식사 후에 그릇, 수저 치우기							
겉옷 정리, 빨랫감 정리							
양치질, 손 씻기, 샤워							
독서							

습관은 나무 껍질에 새겨놓은 문자 같아서
그 나무가 자라남에 따라 확대된다.
-새뮤얼 스마일스

안녕하세요

요일	월	화	수	목	금	토	일
날짜							
등굣길, 하굣길에 인사드리기							
선생님께 인사드리기							
친구들에게 인사하기							
스마트폰 사용 시간 지키기							
스스로 습관 나의 소감							
스스로 습관 부모님 칭찬							

스스로 습관 5주 차
(월 일 – 월 일)

요일	월	화	수	목	금	토	일
날짜							
침대, 이부자리 정리							
책가방 챙기기, 정리하기							
내 방 책상, 책장, 서랍 정리							
식사 후에 그릇, 수저 치우기							
겉옷 정리, 빨랫감 정리							
양치질, 손 씻기, 샤워							
독서							

습관의 쇠사슬은 거의 느끼지 못할 만큼 가늘다.
그것을 깨달았을 때는 끊을 수 없을 정도로
이미 굳고 단단해져 있다. -린든 베인스 존슨

요일	월	화	수	목	금	토	일
날짜							
등굣길, 하굣길에 인사드리기							
선생님께 인사드리기							
친구들에게 인사하기							
스마트폰 사용 시간 지키기							
스스로 습관 나의 소감							
스스로 습관 부모님 칭찬							

스스로 습관 6주 차
(월 일 - 월 일)

요일	월	화	수	목	금	토	일
날짜							
침대, 이부자리 정리							
책가방 챙기기, 정리하기							
내 방 책상, 책장, 서랍 정리							
식사 후에 그릇, 수저 치우기							
겉옷 정리, 빨랫감 정리							
양치질, 손 씻기, 샤워							
독서							

습관이란 인간으로 하여금
어떤 일이든지 하게 만든다.
-도스토예프스키

안녕하세요

요일	월	화	수	목	금	토	일
날짜							
등굣길, 하굣길에 인사드리기							
선생님께 인사드리기							
친구들에게 인사하기							
스마트폰 사용 시간 지키기							
스스로 습관 나의 소감							
스스로 습관 부모님 칭찬							

스스로 습관 7주 차

(월 일 - 월 일)

요일	월	화	수	목	금	토	일
날짜							
침대, 이부자리 정리							
책가방 챙기기, 정리하기							
내 방 책상, 책장, 서랍 정리							
식사 후에 그릇, 수저 치우기							
겉옷 정리, 빨랫감 정리							
양치질, 손 씻기, 샤워							
독서							

처음에는 우리가 습관을 만들지만
그다음에는 습관이 우리를 만든다.
- 존 드라이든

안녕하세요

요일	월	화	수	목	금	토	일
날짜							
등굣길, 하굣길에 인사드리기							
선생님께 인사드리기							
친구들에게 인사하기							
스마트폰 사용 시간 지키기							
스스로 습관 나의 소감							
스스로 습관 부모님 칭찬							

스스로 습관 8주 차

(월 일 - 월 일)

요일	월	화	수	목	금	토	일
날짜							
침대, 이부자리 정리							
책가방 챙기기, 정리하기							
내 방 책상, 책장, 서랍 정리							
식사 후에 그릇, 수저 치우기							
겉옷 정리, 빨랫감 정리							
양치질, 손 씻기, 샤워							
독서							

습관을 조심하라.
운명이 되기 때문이다.
-마가렛 대처

요일	월	화	수	목	금	토	일
날짜							
등굣길, 하굣길에 인사드리기							
선생님께 인사드리기							
친구들에게 인사하기							
스마트폰 사용 시간 지키기							
스스로 습관 나의 소감							
스스로 습관 부모님 칭찬							

초등 매일 습관의 힘

부록 : 스스로 습관 만들기 8주 챌린지북

2020년 4월 1일 초판 1쇄 발행
2020년 12월 16일 초판 3쇄 발행

지은이 | 노정미, 명대성, 박미경, 송현진, 유현정, 이동미, 이성종, 이은경,
　　　　이은주, 이장원, 이정은, 이현정, 최지욱, 한송이, 황희진
펴낸이 | 이종춘
펴낸곳 | (주)첨단

주소 | 서울시 마포구 양화로 127 (서교동) 첨단빌딩 3층
전화 | 02-338-9151
팩스 | 02-338-9155
인터넷 홈페이지 | www.goldenowl.co.kr
출판등록 | 2000년 2월 15일 제 2000-000035호

본부장 | 홍종훈
편집 | 주경숙, 신정원
디자인 | 윤선미
전략마케팅 | 구본철, 차정욱, 나진호, 이동후, 강호묵
제작 | 김유석
경영지원 | 윤정희, 이금선, 김미애, 정유호

978-89-6030-549-6 13590

BM 황금부엉이는 (주)첨단의 단행본 출판 브랜드입니다.

황금부엉이에서 출간하고 싶은 원고가 있으신가요? 생각해보신 책의 제목(가제), 내용에 대한 소개, 간단한 자기소개, 연락처를 book@goldenowl.co.kr 메일로 보내주세요. 집필하신 원고가 있다면 원고의 일부 또는 전체를 함께 보내주시면 더욱 좋습니다.
책의 집필이 아닌 기획안을 제안해주셔도 좋습니다. 보내주신 분이 저 자신이라는 마음으로 정성을 다해 검토하겠습니다.

원하는 음식 1회 쿠폰

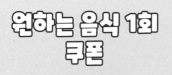

게임 3시간 쿠폰

원하는 책 아무거나 1권 구입 쿠폰

놀이공원 1회 쿠폰

엄마나 아빠랑 하루종일 놀기 쿠폰

날밤새기 쿠폰

자유시간 3시간 쿠폰

친구와 하루종일 마음껏 놀기 쿠폰

• 일주일 동안 꾸준히 습관을 지켰을 때 한 주에 한 개씩 쿠폰으로 아이의 성취를 보상해주세요^^.

스스로 할 수 있어요

이제 내가 매일 스스로 할 수 있는 일을 적어보세요.

1 _____�֍_____

2 _____

3 _____❀_____

4 _____❀_____

5 _____

6 _____

7 _____❀_____

8 _____❀_____

9

10
- ✽

11
- - - - - - - - - - - - - - - ✽ -

12
- -

13
- - - - - ✽ -

14
- -

15
- ✽ - - - - - - - - - - -

16
- - - - - - - - ✽ -

매일매일 조금씩 달라질 내 모습이 기대돼요. ☺
언제 어디서나 내 힘으로 우뚝 서는 사람이 될게요. 약속합니다!

이름   (서명)